BBC
完美星球

[英]休·科尔代（Huw Cordey） 著　　王 乐 译

江苏凤凰科学技术出版社·南京

江苏省版权局著作权合同登记　图字：10-2022-145 号

图书在版编目（CIP）数据

BBC 完美星球 /（英）休·科尔代著；王乐译 . — 南京：江苏凤凰科学技术出版社，2022.12（2024.11重印）
ISBN 978-7-5713-3148-1

Ⅰ . ① B… Ⅱ . ①休… ②王… Ⅲ . ①地球 - 普及读物
Ⅳ . ① P183-49

中国版本图书馆 CIP 数据核字 (2022) 第 150581 号

BBC 完美星球

著　　者	［英］休·科尔代（Huw Cordey）
译　　者	王 乐
责 任 编 辑	谷建亚　沙玲玲
责 任 设 计	蒋佳佳
责 任 校 对	仲 敏
责 任 监 制	刘文洋

出 版 发 行	江苏凤凰科学技术出版社
出版社地址	南京市湖南路 1 号 A 楼，邮编：210009
出版社网址	http://www.pspress.cn
印　　刷	徐州绪权印刷有限公司

开　　本	889 mm×1 194 mm 1/16
印　　张	19.75
字　　数	250 000
插　　页	4
版　　次	2022 年 12 月第 1 版
印　　次	2024 年 11 月第 2 次

标 准 书 号	ISBN 978-7-5713-3148-1
定　　价	198.00（精）

图书如有印装质量问题，可随时向我社印务部调换。

BBC

A PERFECT
PLANET

序

　　我曾有幸小心翼翼地探访过一座活火山，最近时，距离它只有几步之遥。那座火山不在陆地上，而是深藏于海波之下。我们乘坐一艘小巧的潜艇，下潜超过3千米后到达海底——大西洋中脊。巨大的大陆板块在大西洋中央缓缓分离，形成了这条海岭。每下潜10米，潜艇承受的压力就会增加1标准大气压。为了应对巨大的水压，潜艇的3个小舷窗都装有非常厚的玻璃。

　　经过长达2个小时的下潜，我们终于来到了海底。直到这时，领航员才打开了之前为了节能而一直关闭的大功率前灯。我们正式开始了对海底的探索。一开始，除了像月球表面一样贫瘠的景象，我们一无所获。辗转之后，一根根超过20米高的海底烟囱闯入我们的视线，它们矗立在黑暗中，不断喷出浓密的黑烟。这些气体来自海底的火山活动，温度极高。此处的水温高达463℃，我们必须非常小心，不能让潜艇靠得太近。浓烟滚滚的海底烟囱让这片海底充满了工业化的气息，这些画面深深地印在我们的脑海中。但真正令我们意想不到的是，陡峭的海底烟囱

右页图　戈特莱特海穹位于冰岛西海岸的斯奈山半岛，坐落在向西移动的北美洲板块上

下图·左　南太平洋，海底烟囱在过热的水中喷出溶解的硫化物。硫化物接触到冰冷的海水就会变黑，形成黑烟

下图·右　东太平洋海隆的深海热泉场，一条墨西哥暖绵鳚在一些巨型管虫和螃蟹之间游动

壁上竟然还聚集生息着极其丰富的生命。

　　从地壳深处喷出来的黑色气体富含硫化氢。一些细菌可以从硫化氢中获取能量，渐渐地，一个完整的生态系统就围绕着这些细菌建立起来了。这些生物的生息完全不依靠太阳的能量，它们全都只在这里生长，在地球其他地方都找不到。一些科学家推测，生命最初可能起源于海洋深处的这些热液喷口。我们可以肯定的是，如果没有火山，今天的地球将会有天壤之别。

　　这一自然力量主宰着我们的星球，却长期饱受恶名。自从维苏威火山爆发，湮灭了整个庞贝城，火山的破坏力就在我们的头顶布下了恐怖的阴云。无数好莱坞电影向人们展示了席卷美国中西部的飓风的威力。海洋的力量早就教会了一代代水手心存敬畏。长期以来，人们一直在渲染大自然的力量是多么恐怖。然而，

上图　拂晓时分，成群的小火烈鸟在肯尼亚东非大裂谷地区中部的博戈里亚湖觅食、梳理羽毛

有些言论言过其实。事实上，自然界的各种力量在相互平衡的状态下，已经为生命创造了一个完美的星球。这本书以及相关纪录片旨在澄清这一事实。这是我们首次全面探究一个重要问题：大自然的力量如何塑造了我们的家园？

我们的地球通常被称为"宜居星球"。在这场宇宙级概率游戏中，我们的运气堪称全场最佳。地球与太阳之间有着完美的距离，因而温度适宜。不过，地球得到的真正馈赠其实来自一次撞击。一颗巨大的小行星曾与我们年轻的星球相撞，产生的残骸形成了月球。这次碰撞也使地球与太阳之间形成了约 23° 26′ 的黄赤交角。当地球绕太阳公转时，这个角度创造了这个星球的一年四季，也让它今天拥有了如此多姿多彩的生命。如果没有这个角度，地球两极将终年被巨大的冰冠覆盖，赤道将会终年淹没在广袤的荒漠之中，赤道与两极之间只剩两条狭窄的绿色地带。

序

我们的幸运也归功于完美的地月距离，在月球的引力作用下，我们的地球保持约23°26′的倾角（其平均值存在周期变化）。

月球引力还造成了潮汐的周期循环。潮汐涨落对近海生态系统的恢复起到了至关重要的作用。在潮汐循环中，海浪为生活在浅海中的动物和植物带来了营养物质。在遥远的深海，洋流也发挥着类似的分配营养的作用。洋流还将不同温度的海水输送到世界各处，对于维持气候稳定十分关键。与此同时，远海上腾起大风，将淡水送往全球各地。

火山一贯被视为最具破坏性的自然力量，即便如此，它们仍对地球上的生命意义重大。火山活动是二氧化碳的重要来源，没有二氧化碳就没有植物，其他生命更是无从谈起。火山活动还是打造我们这个星球的"建筑师"。探出海面的火山顶是生命的重要绿洲，例如科隆群岛，以及被称为人类摇篮的东非大裂谷——由两个仍在缓慢分离的大陆架形成。对于在地球上生存演化的动物和植物而言，这是一个友好的、独一无二的完美家园。在过去的 1 万年里，自然界的各种力量

上图·左　西班牙安达卢西亚自治区塞维利亚市附近的大桑卢卡尔热电厂，一组反射镜将阳光聚焦到太阳能塔上

上图·右　印度拉贾斯坦邦蒂洛尼亚，非政府组织赤脚学院建造的太阳能炊具

创造了一个稳定的环境，形成了可预测的天气系统。通过天气预测，我们发展了农业，并最终形成了文明。

然而，在过去 50 年中，人类已经跃升为自然界中最强的力量。我们拥有了空前的影响力，也对这个完美的星球构成了种种威胁。证据几乎处处可见：2019 年，欧洲经历了有史以来最炎热的 6 月；澳大利亚的极端高温引发了史无前例的重大火灾，6 万多平方千米土地化为焦土；夏季北极冰盖的范围还在持续缩小。如果我们想要解决这些威胁，就需要依靠大自然的力量——太阳每秒钟产生的能量够人类使用 70 多万年。我们已经拥有了所需的技术。只要摆正态度，我们的子孙后代仍然可以在这个完美的星球上生生不息。

阿拉斯泰尔·福瑟吉尔
（著名纪录片制片人、《我们的星球》作者）

下图　阿尔达布拉群岛的格朗泰尔岛，两只巨龟正在乘凉

目录

太阳
THE SUN

阳光普照

作为恒星而言，太阳只有中等大小。这样描述似乎有失它的万丈光芒，毕竟，太阳以一己之力养育着地球上的全部物种（至少到目前为止，我们还从未在其他星球上发现生命的踪迹）。不过，这一说法并无谬误。我们的银河系中有约 2 000 亿颗恒星，其中有大有小，有些大恒星的体积甚至百倍于其他恒星。

虽然如此，太阳的各项数据仍然相当惊人：它的直径约 139.2 万千米（是地球直径的 109 倍）；其表面温度达到约 6 000℃，日核温度则高达约 1 500 万℃；太阳每秒钟能产生约 3.8×10^{26} 焦耳的能量，够人类使用 70 多万年。

我们的太阳主要由宇宙中简单的 2 种元素组成：氢和氦。氢以及引力十分关键。太阳的质量约占太阳系总质量的 99.86%，作用在这颗恒星上的强大引力使氢原子发生剧烈碰撞，产生巨大的作用力，将它们融合成一种新的元素——氦。这一过程被称为核聚变。它会引发一系列连锁反应，产生的能量将以每秒 30 万千米的速

第 16～17 页图　夕阳下，一头座头鲸跃出水面。这被视为鲸之间的一种交流方式

下图　一缕缕阳光从高大的山毛榉树冠上投下来，洒在欧洲的一片林间空地上

度传递，在大约 8 分钟内到达地球。更加震撼的是，太阳每秒钟都在反复发生这一化学反应。这种状况已经持续了约 46 亿年，而且很可能还会再持续 50 亿 ~ 60 亿年。

然而，由于氢不断转化为氦，太阳的密度一直在稳定增加，它的温度也越来越高。据估计，在未来的 10 亿年里，地球从太阳获得的能量将增加约 10%。鉴于我们正经历着地球变暖的过程，我们都很清楚那会造成怎样的后果。不过，我们无需对此过分担心。因为，地球物种的平均寿命为 100 万 ~ 1 000 万年。10 亿年后，我们这些智人可能不复存在。

迄今为止，在太阳的种种特质中，对我们最重要的就是它与地球之间的距离——平均约 1.5 亿千米。事实证明，这是一个完美的距离。再近一点儿温度就会过高，例如金星；再远一点儿温度则会过低，例如火星。这就是为什么地球被称为"宜居行星"。换言之，就是恰到好处！这个距离对我们的重大意义就在于水。地球是我们所知唯一的能供水以气液固三相存在的星球，生命的诞生便有赖于此。

倾斜的星球

　　宇宙还赐予了地球另一个幸运大奖：约 23° 26′ 的倾角。这是约 40 亿年前地球与一个庞然大物相撞的结果，科学家称之为忒伊亚撞击事件。可能就是这次碰撞产生的残骸形成了月球（宇宙送给地球的另一份幸运礼物）。倾斜的行星并不罕见，太阳系中的大部分行星均有不同程度的倾斜，例如，天王星倾斜约 98°，金星倾斜约 177°，但约 23° 26′ 对于地球上的所有生命来说几乎是一个完美的角度。此外，地球还具有约 24 小时的自转周期，与倾斜角度相辅相成（火星的自转周期与地球相近，相比之下，水星和金星的自转周期则分别约是 59 天和 243 天。也就是说，这两颗星球都有一部分会长时间笼罩在黑暗之中）。当然，如果失去倾斜角度，地球将与现在截然不同。最为重要的是，我们将失去四季的更替。

　　如果没有季节变化，地球各处将昼夜等长，但是太阳永远不会再从南北两极的地平线上高高升起，这些区域也将不再适合生存。科学家们认为，如果地球失去斜度，人类的活动范围将永远局限在地球中部的少数零星区域。这样一来，首先受到影响的就是我们重要的作物之一——小麦，它的生长发育离不开寒冷的冬天，没有四季更替将难以种植。

　　倾斜的地球绕太阳公转一周需要约 365 天，也就是一年。在一年中的不同时期，地球朝向太阳的区域也在随之变化，因此产生了一年四季。6 月份，北半球面向太阳处于夏季，而南半球背向太阳处于冬季。到了 12 月，情况就反过来了。

　　由于地球是倾斜的，因此对于大部分地区来说，日照时长每个月都在变化，太阳能的强度也随之变化。不过，地球上每平方米的平均日照时长几乎是一样的——约 4 380 个小时，只是强度不同而已。

右图 从太空中的轨道卫星上可以看到，满月将阳光反射到地球表面

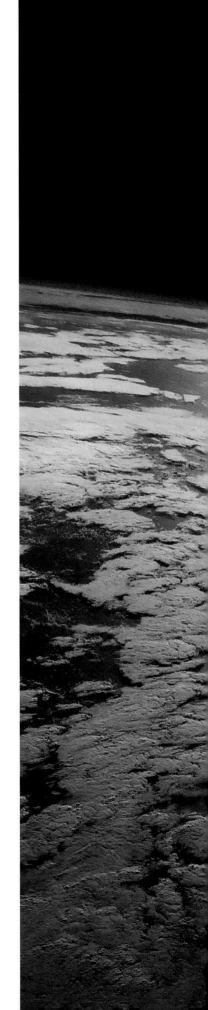

热带阳光天堂

就日照而言，赤道地区是一个例外。那里全年每天都有长达 12 小时的日照，孕育了地球上绝无仅有的热带森林。在赤道地区，太阳光线直射地表（光线与地表几乎成 90° 角），因此太阳辐射也更强。这意味着这里每平方米土地接收的太阳能比其他任何地方都多。在阳光明媚的中午，赤道地区每平方米大约能接收 3.6×10^6 焦耳的能量（相当于吹风机运行约 1 小时所需的电能）。赤道区域也因此成为了地球上太阳能最富集的地区。

在热带森林中，据说只有大约 2% 的光线能照射到地面。这要归因于这种栖息地的完美结构，它能够最大限度地吸收光能。为了沐浴到更多阳光，树木可以长到 30 米以上，这也是为什么树冠以下不长多余的树枝。在能够与旁边的树木争夺阳光之前，一点儿能量都不能浪费。森林地表缺乏光照，树苗长时间处于发育不良的状态——就像假死一样。但如果有树木倒下，露出一个光隙，小树苗就会苏醒过来并且飞速成长。有些丛林里的树木天生就长得快。拉丁美洲的号角树就是能够迅速利用光隙的先锋树种。它们很快就可以长到十几米，但是不同于那些可以生长数百年的阔叶树，它们只能活约 30 年。

森林里的每一片叶子都是一块天然的太阳能电池板，每片叶子都为了能最大限度地吸收阳光而摆出不同的"姿势"，当然它们也必须避免超出自身的承受能力。树冠顶部的树叶几乎是竖直的，以便捕捉最初的几缕阳光，同时避免被正午的阳光直晒。树冠以下的树叶的角度则更加平展，并且为了充分利用太阳辐射，树叶上还密布着能够吸收阳光的细胞。树木在收集太阳光线方面非常高效，它们能够吸收接触到的 90% 以上的能量，因此洒到林地上的阳光少得可怜。

当然，树木如此拼命捕捉光线主要是因为它们的生长离不开阳光（就像地球上的每一种植物、藻类和许多细菌一样），它们通过光合作用开枝散叶。在这一过程中，每一片叶子内的数百万个叶绿体会吸收水和二氧化碳并将其转化为糖类等有机物，同时释放出最重要的气体——氧气。更令人惊讶的是，照射到叶子上的光只有一小部分被用于光合作用，这也解释了为什么叶子是绿色的。归根结底，这都是为了提高光合效率。为了尽可能多地利用不同波长的光的能量，每一片叶子都会努力吸收红色和蓝色光子（光子是光的能量量子），这两种光子比绿色光子更利于植物生长。因此，绿光很少被植物吸收，而是会被叶子反射到我们的眼睛里。

右页图　位于加里曼丹岛北部的马来西亚沙巴州，清晨的阳光穿过丛林的树冠

第 22 ～ 23 页图 哥斯达黎加的曼努埃尔·安东尼奥国家公园，一只住在号角树上的褐喉树懒正在慢慢爬向低处的树枝

　　我们的热带雨林不到全球陆地总面积的 10%，却拥有多达 50% 的陆地物种，这主要归功于其独特的地理位置。热带雨林气候稳定，日照充足。在这里，树木可以日复一日地肆意生长，不会被迫进入休眠期，动物也不需要迁徙或冬眠。林中遍地都是养料，有一种常年结果的树木将这种得天独厚的优势利用到了极致。

太阳

了不起的聚果榕

全世界的热带雨林中广泛分布着 600 多种榕属植物,其中,聚果榕是一个关键物种,也是雨林中一种常年结果的野生树木。从长臂猿到犀鸟,从马来熊到蝙蝠,它的果实为数千种动物提供了食物来源。聚果榕之所以能常年结果,得益于它与一种微小的昆虫——1~2 毫米长的榕小蜂的共生关系。它们的共生关系始于数千万年前,无疑是自然界中引人注目的授粉故事之一。

榕果的开花方式与众不同。我们所认为的果实实际上是一朵向内而生的花。雌性榕小蜂通过小孔隙钻进榕果中心后,就完成了授粉——而这只能在榕果处于合适发育阶段的 1~2 天内完成。这个孔隙非常细小,雌蜂挤进去时会被扯掉翅膀,有时甚至是扯掉触角。但它再也不需要这些部分了,因为工作完成后,它就会永远"沉睡"在榕果里。一旦进入榕果内部,雌蜂会产下数百颗卵,并从腹部囊袋中小心地取出花粉为花朵授粉。几周后,蜂卵开始孵化,封闭的榕果温床开始活跃起来。

首先羽化的是没有翅膀的金色雄蜂,它们会立即与尚未完全羽化(还困在瘿花里)的雌蜂交配。为了进入雌蜂卵内,它们的生殖器可以伸长到自己体长的 2 倍!交配完成后,雄蜂会开挖一条通往外部的逃生通道。这并不是为了自己,而是为了正在孵化的雌蜂。它们的骑士精神不止于此——这些无私的生物还会把自己献给在榕果表皮上巡游的肉食性蚂蚁,为那些有翅膀的雌蜂争取飞上天空的机会。

右页图 加里曼丹岛,一只雄性犀鸟正在取食聚果榕的果实

左图 越南吉仙国家公园的一只长臂猿。长臂猿一生几乎所有时间都生活在树上,用双臂吊着树枝在树冠间荡跃。它们飞跃一次能跨过 15 米的距离

左图·1　一只身长2毫米的雌蜂正从一个小口挤进榕果

左图·2　一只雌蜂"游"过榕果的外层果肉

左图·3　雌蜂在榕果内部微小的花朵中产卵

左图·4　一只金色的无翅雄蜂正与其中一个未完全羽化的雌蜂交配

左图·5　一只雌蜂钻出卵鞘

左图·6　一只雄蜂为雌蜂挖出逃生通道后爬到了榕果表面

左图·7　肉食性蚂蚁捕捉刚爬出来的雄蜂

左图·8　一只准备起飞的雌蜂，它只能存活48小时，在这段时间内必须找到另一颗正好处于合适阶段的榕果

　　新生的雌性榕小蜂现在只有短短一两天的时间去寻找另一颗刚好处于合适阶段的榕果，然后重复整个过程。

　　尽管榕小蜂体型很小，但是它们能在48小时内跋涉257.5千米，只为找到一颗尚未成熟的榕果。多亏这些生命短暂但又不知疲倦的传粉者，聚果榕才拥有了惊人的全年结果周期。如果新生的榕小蜂破壁而出，却找不到另一棵结果的聚果榕，它们就会在授粉前死亡。

每种野生榕果都要靠专门的榕小蜂授粉。如果你想知道为什么吃榕果时没有看到一堆死掉的榕小蜂，那是因为随着榕果在阳光下发育成熟，它们会被果肉所吸收。

热带雨林堪称非常稳定的栖息地。那里全年日照充沛，温度稳定，动物们不需要迁徙，更不需要冬眠。在这样得天独厚的环境中，任何一个生命都拥有属于自己的生存机会，任何一个生态位都能得到满足。这就是为什么热带雨林的物种多样性如此之高，也是为什么榕小蜂无法"反抗"试图利用它们的卵的寄生虫。

榕小蜂寄生虫其实是另一种榕小蜂，它的目的是把卵产在那些已经产满了普通榕小蜂的卵的花朵里。但它面临一个问题：当榕小蜂进入榕果后，入口的孔隙会被植物的汁液封住，这样一来寄生虫就无法以同样的方式进入榕果。相反，它必须用一根很长的产卵器，或者说产卵管，从外面刺进榕果。这种产卵器比人的发丝还细，却很硬。在电子显微镜下，产卵器呈锯齿状，寄生虫就是用这种锯齿状的利器刺入还未成熟的坚硬榕果。然而，更加难以置信的是，一旦寄生虫将产卵器刺进产卵的果腔，就会用它来搜寻榕小蜂产过卵的花朵，这样当它的幼虫孵化后就可以大快朵颐了。试验表明，产卵器的顶端带有化学传感器，可以探测出产过卵的花朵，因为榕小蜂卵会释放二氧化碳。这既神奇又匪夷所思。正如一位生物学家谈到这种寄生虫的产卵器时说的那样："你可以把它想象成一根布满舌头的手指——好了，现在试着忘掉它吧。"

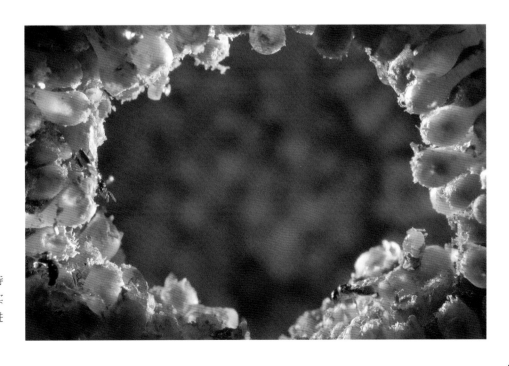

右图　榕果内部。榕果的特别之处在于它的花开在果实内部，细小的榕小蜂会爬进果实内授粉

微观世界

动物摄影往往是一件充满挑战性的苦差事：你想要拍摄的动物可能非常害羞或者罕见，想要记录的场景可能只在少数几天里出现在难以触及的地方；而且动物们行动迅捷，可能很难用长镜头追踪；此外，变幻莫测的天气也难以捉摸（并且，当地人总会老生常谈地说："你昨天 / 上周 / 去年就应该来这里了，因为那时的天气好多了。"）。微距摄影也面临着独特的挑战——尤其是因为景深非常小，导致对焦十分困难。这可能就是为什么很少有人专门从事自然历史微距摄影。

然而，在许多自然历史制片人和导演心中，首屈一指的当属颇具传奇色彩的微距摄影专家阿拉斯泰尔·麦克尤恩。如果你曾在野生动物节目中看到过一个让你忍不住惊叹的微距镜头，那很有可能就是阿拉斯泰尔的大作。尽管已逾古稀之年，阿拉斯泰尔仍然几十年如一日地在全球各地记录着大自然，热情丝毫不减。他的作品包括《地球脉动》《蓝色星球》《猎捕》和《我们的星球》等系列。每一个新挑战都让他跃跃欲试，榕小蜂的故事也不例外。但当他看到拍摄对象的体型后，才知道这次拍摄有多么棘手。

尽管野生动物摄影师如今有高超的摄像技术加成，但是，用镜头捕捉那些体长只有一两毫米的动物，记录它们的授粉行为和生命周期，仍是一个巨大的挑战。在过去，由于受到摄影灯光的限制，这几乎是不可能的事。因为在拍摄体型很小的动物时，摄影师需要充足的光线，这样才能获得足够的景深进行对焦。但是，老式灯光会大量放热，这意味着摄影师不能让灯光离拍摄对象太近。然而，如果他们把灯光放远，光线可能就不够充足，就无法达到需要的景深。这是一个常见的难题。不过，摄影师现在使用的新型 LED 灯散热并不严重，所以这个问题已经迎刃而解。但是，仍然存在放大的问题。

在前往泰国拍摄之前，阿拉斯泰尔和制片人尼克·肖林－乔丹详细讨论了拍摄过程。但纸上谈兵是一回事，亲眼看到一只活生生的榕小蜂就是另一回事了。拿出一把尺子，标出 2 毫米（这已经是一只体型较大的榕小蜂的尺寸了），你就会明白我的意思了。它并不比圆珠笔在纸上点下的记号大多少。这种榕小蜂确实小到足以被阿拉斯泰尔一口吞下去。这让阿拉斯泰尔和尼克都想知道，他们有没有在无意中吞下了什么根本不需要咀嚼的东西。毕竟，他们并不是只想拍几张照片了事，而是想了解整个授粉过程，包括没有翅膀的雄蜂与未羽化的雌蜂交配的那一刻。阿拉斯泰尔向尼克解释说，他们想拍摄的东西可能太小了，超出了镜头

右图　摄影师阿拉斯泰尔·麦克尤恩手中拿着一个小巧的显微镜镜头，这是他拍摄体长2毫米的榕小蜂时使用的。这是 30 年来他第一次使用这种镜头

的可视范围。

当然，他们必须试一试。所以，野外摄影棚建好后，阿拉斯泰尔马上打开他的微距镜头盒，制作了2个很长的近摄接圈，将近摄接圈连接到微距镜头就可以显著放大图像。他拿起镜头聚焦，皱起了眉头，然后又从镜头盒中拿出另一个近摄接圈。这种情况并不多见，但即使有第3个近摄接圈，仍然不能产生所需的放大倍数。阿拉斯泰尔和尼克担忧地交换了一下眼神。

电影《大白鲨》中有一个著名的场景：布罗迪局长在船后面用死鱼做鱼饵，这条传说中的鲨鱼（或者说电影中使用的道具鲨鱼）突然从海中探出了血盆大口，在他面前一晃而过。这是他第一次看到这条鲨鱼。布罗迪被这个庞然大物惊呆了，他退到船舱里，对着船长昆特说出了那句经典的台词："你需要一艘更大的船。"阿拉斯泰尔站在他的野外摄像机旁边，眉头紧锁，忧心忡忡，他就要迎来布罗迪的类似处境了。"我们需要一个更大的镜头。"他一脸严肃地说。

任何和阿拉斯泰尔一起工作过的人都知道，他习惯随身携带许多工具。其中，一个派力肯塑料箱从不离身。箱子里装满了各种零件、摄像工具、专业物品。在很多次旅行中，我都试图让阿拉斯泰尔抛开这个沉重的箱子（或者拿出里面的大部分东西——不仅仅是为了节省行李超重的费用），但我从来没有成功过。在拍摄过程中，他总能从那个塑料箱中找到我们需要的东西。箱子里稀奇古怪的东西总

能让我瞠目结舌。在我看来，这个尺寸的箱子似乎容纳不了这么多五花八门的东西。可以说，这个箱子之于摄影师，就如同塔迪斯（TARDIS，《神秘博士》剧中的时间机器和宇宙飞船）之于神秘博士。当阿拉斯泰尔确实拿出了一个有用的工具时，他的涵养不会让他说出"我早就说过吧"这种话来，他可能只是对着我扬起眉毛微微一笑。

　　无论如何，阿拉斯泰尔用肉眼几乎看不到榕小蜂。那么，是时候求助百宝箱了。他在里面翻找了半天，终于找到了 2 个蔡司牌微型显微镜镜头。他告诉尼克，自己带着它们已经快 30 年了，但从来没有用武之地……如今终于派上用场了！他掸去灰尘，把它们装在摄像机上，低头看着目镜，花了几分钟取景和聚焦，显示屏上终于出现了故事的主角——一只光彩夺目的雌性榕小蜂。它的身体没有占满屏幕，但每个部分都清晰可见。有了这些镜头的帮助，现在可以开始拍摄了。几周以来，阿拉斯泰尔和尼克一一记录了授粉行为的各个重要环节：雌蜂穿过榕果的果肉，到达果腔中的花朵；雌蜂在榕果微小的花头中产卵；雌蜂从腹部囊袋中取出花粉的瞬间；无翅的雄蜂和羽化的雌蜂；还有它们之间奇怪的交配行为。事实证明，交配比其他行为更容易捕捉。雄蜂的生殖器的直径可能只有零点几毫米，但长度却达 4 毫米——是它们体长的 2 倍，足以在标准的麦克尤恩牌镜头上显示出来！

上图　泰国北部城市清迈，制片人尼克·肖林－乔丹站在一棵聚果榕下

太阳

阳光明媚的浅滩

珊瑚礁具有非凡的生物多样性，因而常被称为"海洋中的热带雨林"。虽然它们的覆盖面积还不到地球表面的 1%，但据估，大约 1/4 的海洋物种都依靠珊瑚礁维生。按照地理分布的不同，珊瑚礁可以分为深水珊瑚礁和热带珊瑚礁。其中，热带珊瑚礁和热带雨林有一个相似之处——它们都离不开充足而稳定的阳光。这就是为什么这些珊瑚礁几乎只出现在热带和亚热带浅水水域。

珊瑚礁丰富的生物多样性的背后是珊瑚虫（一种动物）和藻类（统称为虫黄藻）之间的亲密共生关系。热带水域所含的营养物质通常很低，但珊瑚虫让藻类生长在自己坚硬的碳酸钙结构中（这也是珊瑚礁看上去五颜六色的原因），一举解决了这个问题。藻类依靠阳光进行光合作用，因此需要生长在浅水中。通过光合作用，它们为珊瑚虫提供了其生存所需的 90% 以上的能量。作为回报，珊瑚虫为藻类打造了一个安全的家园，它们产生的以二氧化碳和氮为主的废料成了藻类的养料。

人们发现，即使是生长在海面 165 米以下的深海珊瑚，也依赖于藻类的光合作用。但是，在这样几乎没有一丝阳光的地方，藻类又是如何实现这一壮举的呢？答案是，荧光。这就是珊瑚发出橙光或红光的原因。一些浅水珊瑚会产生荧光蛋白，阻隔强烈的太阳辐射产生的有害影响，尽可能避免它们的藻类同伴受到损害。而它们的亲族，深水珊瑚似乎也有同样的举动。但原因恰好相反。在这个深度发出荧光，可以将不利于光合作用的蓝光转化为橙光或红光，从而促进光合作用。实际上，这些深海藻类正是沐浴在为它们提供住所的珊瑚的光芒之下。

漫长极夜

由于地球自身是倾斜的，因而离赤道越远，阳光斜射的角度就大，光照就越分散。这就如同拿手电筒照向自己的脚背和扫向几米开外的区别。光线向下直射，照亮的区域更集中，因此也更加明亮；光线指向前方，照亮了更多地方，但亮度也相应减弱。这种效应在地球两极表现得淋漓尽致。这就是为什么即使处于仲夏时节，两极地区收获的单位面积太阳能也比赤道少得多。如果地温不高，那么相应的气温也不会很高，因此即使在有太阳的时候极地地区也十分寒冷。那么，一连数月不见天日是一幅怎样的景象呢？

埃尔斯米尔岛位于加拿大的北极高地，面积约 19.6 万平方千米，是世界第十大岛屿。虽然它的面积仅稍逊于英国，但人口却远远不及——生活在埃尔斯米尔岛的居民还不到 200 人。这里如此人烟稀少其实并不奇怪：每逢冬季，岛上的气温就会降至 −50℃，一直持续 4 个月（从 10 月底到次年 2 月底）。在此期间，北半球远离太阳，身处极北之地的埃尔斯米尔岛更是终日见不到阳光。这样一来也就不难理解为什么埃尔斯米尔岛会成为地球上极其寒冷的居住地之一。

在极端情况下，埃尔斯米尔岛堪称世界上极其危险的地方之一。事实上，埃尔斯米尔岛极度恶劣的环境和异星般的景观正是美国国家航空航天局选择它作为火星模拟地点的原因——这里可能是地球上与我们的邻星最相似的地方。正如摄影师基兰·奥多诺万在我们拍摄时发出的充满诗意的感叹："这里的空虚和寂静中有一股惊人的纯净，周遭的一切都给人一种与世隔绝之感。我仿佛一个探索加

第 36 ~ 37 页图　加拿大努纳武特地区，埃尔斯米尔岛的冰封荒野

上图　加拿大北极地区，满月在埃尔斯米尔岛上空洒下了空灵缥缈的光芒。整个冬季，太阳都不会从地平线上升起

拿大极北地区的地球宇航员，不得不穿上笨重的冬季'太空服'，来抵御恶劣的环境带来的影响。在这种低温下，人体随时可能被冻伤，所以一定要裹得严严实实。"（然而，即使采取了这些预防措施，基兰的脸颊还是冻伤了，他不得不离开这里休养几天）。

冬天，埃尔斯米尔岛唯一的光源来自月球。或者更准确地说，光是由南半球的阳光经月球反射回来的。这些反射光呈现出一种超凡脱俗的美。正如基兰所说："当大地还未被完全的黑暗所笼罩，数不清的柔和光芒映照着整片天空，交织着奇异的蓝色、紫色和粉色。这些色彩从地平线上开始渐渐渲染了整个世界。"

尽管在埃尔斯米尔岛生活是一个巨大的生存挑战，但仍有一些物种常年生活在这里，甚至在漫长的黑夜里也颇为活跃。

北极狼和麝牛

　　北极狼是体型较小的灰狼亚种，它们一身白色毛发，幽灵一般游荡在洒满月光的极寒大地上。早在第四纪冰期，北极狼就开始了在埃尔斯米尔岛上的生活，它们早已完全适应了对我们来说砭骨的严寒。北极狼的双层皮毛可以抵御刺骨的寒风；与灰狼相比，北极狼的耳朵更小、更圆，吻部更短，表面积与体积比更低，因而可以有效防止热量流失；它们的趾爪之间也长有毛，可以为爪子保暖，并能够让它们在冰冷的地面上获得更强的抓地力；而且，为了防止冰冷的地面向身体渗透寒意（会降低核心部位的体温），它们能将爪子的温度调节到 0℃——即使它们脚下的冻土温度低至 −50℃。尽管它们已经为了适应气候全副武装，然而对于埃尔斯米尔岛的北极狼来说，生存仍然充满考验。

　　整个黑暗的冬季都是狼群的捕猎季，尤其是有月光照耀、视野更好的时候。尽管保存能量似乎是一个很好的策略，但这些食肉动物为了寻找食物经常不得不长途跋涉，有时一天最多能行进 80 千米。在冬季，狼群的选择非常有限，而麝牛则是它们在埃尔斯米尔岛上的一道顶级大菜。

　　作为第四纪冰期的幸存者，麝牛依旧保留着远古时期的形貌。尤其是当暴风雪过后，冰雪像面具一样凝结在它们脸上时，时间仿佛在这些古老的动物身上停滞了。这种群居动物似乎完美地适应了这片充满敌意的土地。麝牛重达 400 多千克，皮毛厚实而蓬松，前额骨又厚又硬，还生有一对尖锐卷曲的角（迎面看上去有点儿像老式的荷兰帽）。和北极狼一样，它们毫不畏惧寒冷的气候。

　　麝牛独特的双层皮毛是它们抵御严寒的主要手段。上层的皮毛是又长又粗的针毛，可以阻隔风雪。下层是短而密的绒毛，可以保存身体散发的热量，也正是这层绒毛使它免受严寒的侵袭。这层绒毛被视为世界上最温暖的动物皮毛，保暖性比绵羊毛还要强 8 ~ 10 倍。即使寒冷的大风让其他北极动物不得不伏下躲避，麝牛也能在这层绒毛的保护下，不受寒冷空气的侵害。但如果天气真的很糟糕，麝牛们就会挤在一起抱团取暖。

　　冬季，这些大型食草动物所能获得的食物少之又少，只有稀少的苔藓和地衣深埋于大雪之中。因此，成年麝牛必须用又硬又尖的蹄子把雪刨开，才能获得这些珍贵的食物。然而，这些冬季里的补给仅仅能够果腹。每年这个时候，麝牛必须依靠夏季囤积的脂肪过冬。因为夏季阳光灿烂、草木丰茂，麝牛可以充分储备能量。为了能够依靠这些储备熬过漫长的冬天，它们会通过减少活动和减慢新陈

上图 摄影师罗尔夫·斯坦
曼拍到一只好奇的北极狼。
这些狼很少见到人类，所以
对摄制人员感到十分新奇

右页图 北极狼群围住一群
麝牛，而麝牛则围成一个防
御圈。狼群的策略是把一头
麝牛从牛群中分离出来

代谢来减少能量消耗。事实上，麝牛在冬天可以将新陈代谢率降低30%：在食物稀缺的时候，这无疑是一种非常有用的适应方式。在这段艰难时期，麝牛最担心的就是被狼群侵扰和追赶。

麝牛或许是埃尔斯米尔岛上的北极狼最理想的食物。然而，它们也是可怕的猎物。北极狼占得上风的唯一方法就是团队合作。捕猎过程中，最关键的步骤在于把一头麝牛从牛群中分离出来。为此，北极狼会冲向牛群发动袭击。这并非易事，因为麝牛会本能地团结在一起，它们会围成一圈，形成紧密的防守。它们的头部和角朝外，这样可以保护彼此，也可以把更脆弱的幼崽围在中间。对于狼群来说，幸运的话，整个牛群会因被它们惊吓而四处逃散。这样的场景给基兰留下了深刻而难忘的印象："那天，环境温度只有 −46℃，我目睹了狼群对麝牛的围捕。空气沉闷，惊慌失措的麝牛呼出的水汽和身体蒸发的汗水在它们身后留下了盘旋的尾迹，甚至在猎捕结束很久之后，雪地上还缓缓飘荡着一条蜿蜒的雾线。"

当牛群被一群饿狼包围时，几头麝牛显然忍不住想要冲出去——毕竟，一只狼的威胁对于麝牛来说微不足道。但这正是狼群所希望的。如果一头麝牛离开了牛群，狼群会立即包围它，轮流攻击它的屁股，同时避开麝牛致命的犄角。这是二者之间的一场消耗战——麝牛和北极狼都为了占得上风而绕着对方互相打转。如果狼群大获全胜，麝牛的尸体可以让它们饱餐一周或者更久。但即使狼群看起来有优势，情况有时也会发生扭转，因为牛群中的其他麝牛会成群结队地回来保护它们落单的成员，并把它带回牛群。如果麝牛再次成功地将队伍聚集起来，狼群就不太可能有第二次机会了，它们所付出的努力都将付诸东流。

狂奔的北极兔

在冬天，狼群仅有的另一种食物就是北极兔。和北极狼一样，埃尔斯米尔岛的北极兔全年都是白色的——北极高地的夏季短暂易逝，这些兔子不像其他北极动物一样，会在夏天将白色皮毛变成棕色，这只会降低能源利用率。北极兔在夏天可能很显眼，但它们的白色皮毛在冬天是绝妙的伪装。

在埃尔斯米尔岛冬日的月光下，有时可以看到成百上千只北极兔成群结队地活动。没有人确切知道它们为什么要这样做。可能是为了安全——一些北极兔刨食苔藓和地衣时，另一些会密切注意风吹草动。也可能是因为成群挤在一起能让它们获得自然环境的保护。对北极狼来说，北极兔有着无法抗拒的吸引力，如果

第42～43页图　冬天，成百上千只北极兔聚集在一起。这是以前从未被记录下来的行为

下图　一只北极狼试图抓住一只北极兔，但没有成功

狼群遇到一群北极兔，就意味着它们即将享用一场流动自助餐。狼群在猎捕麝牛时会采用合作的策略，但是猎捕北极兔时，似乎每只狼都各自为战——尽管同样没有成功的保证。成百上千只白色的北极兔在雪地上快速地跑来跳去，从中选出一只作为目标显然极具挑战性。事实上，北极兔似乎在冬季的比赛中占了上风。

到了 2 月底，沉睡的太阳终于从地平线上苏醒，埃尔斯米尔岛的居民们都松了一口气。第一天，太阳只出来了不到 25 分钟，但在不到 2 个月内，白昼时间将达到 24 小时。到那时，北极狼就可以把注意力集中在新生的麝牛和北极兔身上了。此外，夏季植被丰富，麝牛和北极兔可以吃得膘肥体壮。

变温青蛙

地球的倾斜带来了四季温度变化。对于许多动物而言，气温骤降是致命的，而唯一的生存方法就是冬眠。冬眠是一种"假死"状态。动物们为了保存能量，应对季节性挑战，会使身体机能逐渐减慢。通常表现为体温下降、心率下降和呼吸减弱。实际上，有些动物甚至会完全停止呼吸！冬眠不止一种，程度有深有浅，从"真正的冬眠者"（例如土拨鼠）到"深度睡眠"（例如熊），再到"偶尔睡眠"（例如浣熊）。在所有会进入假死状态的动物之中，有一种蛙类最不寻常，它们运用了无比非凡的策略来度过北半球的严冬。

冬眠是由温度控制的。温度不仅影响何时开始，还影响何时结束。所以当空气变暖时，动物自然就会苏醒了。以看起来毫不起眼的木蛙为例，它在第一次解冻之前完全不会醒来。在冬眠场地（林地上的一个浅坑）中，它真的冻得像一块冰，而且整个冬天都保持这种低温状态。根据一位生物学家的说法，木蛙会变得又硬又脆，"如果你把它丢到地上，它会叮当作响"。冷冻会对健康细胞造成不可修复的损害（例如，导致冻伤），但木蛙通过一个转化过程避免了这一点：首先吸走细胞中的大部分水分，然后在每个细胞里注满一种糖浆。这种糖液就像天然的

下图·1　随着北美大陆迎来春天，一只木蛙逐渐恢复了生机

下图·2　自从入冬以来，它就冻得像一块冰，心脏停止跳动，血液也冻结起来

①

右图 美国俄亥俄州，一只木蛙在冰冻数月后依然生机勃勃

防冻剂。

　　一旦到了春天，阳光洒满大地，奇妙的事情就发生了：木蛙的血液开始融化并流往全身，它的心脏又恢复跳动了。在短短7个小时里，它就神奇地恢复了生机。这种解冻技巧意味着，春天一旦到来，它就已经准备好开始新的生活了。

❷

万蛇窟

　　春天，有一种爬行动物会在加拿大马尼托巴省现身，它们与木蛙一样引人注目。不过，这种动物和木蛙引人注意的方式截然不同。当5月的阳光渐渐撒入基岩，束带蛇就会从它们冬季的巢穴——石灰岩中的天然洞穴中探出身来。这不仅仅是几条蛇，也不仅仅是几百条，而是数万条蛇同聚，堪称地球上规模壮观的蛇类聚会。

　　和所有需要冬眠的动物一样，束带蛇被宜人的温度从睡眠中唤醒，但当它们来到巢穴外时，地面上可能仍有积雪，这就组成了一个看上去非常矛盾的场景：一只冷血的爬行动物在雪地上晒太阳。首先探出巢穴的是雄蛇。经过几个月的冬眠，通身冰冷的束带蛇行动缓慢、虚弱不堪，它们迫切需要太阳的能量。如果温度持续上升，它们就会待在地面上晒太阳取暖。如果寒流突然袭来，它们就会被迫再次回到洞穴里——尽管并不会持续很长时间。季节在不断变换，束带蛇知道它们必须抓住每一个重新开始生活的机会。时间紧迫，它们需要在短时间内完成许多任务。尽管从10月份开始它们就滴水未进，但现在雄蛇心中只有一件事，那就是寻找雌蛇。

　　在镜头中观看万蛇狂舞已是相当震撼，但在这里看到活生生的蛇群又是另一回事。那种场面就像《夺宝奇兵》的片场。在拍摄束带蛇出洞的过程中，你会被蛇群包围，它们就在你的周围爬来爬去，有些甚至会爬到你的身上。幸运的是，束带蛇是无毒的，而且完全没有攻击性。所以，尽管它们数量众多，但并没有什么真正的危险——至少在一年中的这个阶段，交配是它们的头等大事。（我猜如

第48～49页图　在加拿大马尼托巴省，冰上的束带蛇。随着季节变化的时钟滴答作响，束带蛇一收到春天的信号就会从地下洞穴里钻出来——即使地面上还有积雪

右页图　地球上著名的爬行动物聚集地之一——加拿大马尼托巴省，成千上万的束带蛇从冬眠中苏醒

左图　雄性束带蛇首先探出巢穴，只要在阳光下温暖起来，它们就准备与体型更大的雌蛇交配。雄蛇的数量是雌蛇的100倍，因此争夺雌蛇的竞争非常激烈

果你敢在 7 月份招惹一条束带蛇，它一定会给你点儿颜色。）

然而，如果你非常恐惧蛇类，那就千万不要在 5 月份踏足马尼托巴省的纳西斯蛇窟。那是在之前的另一个拍摄项目中，当时加拿大北部正值春天，宁静的大自然突然被一声毛骨悚然的人类尖叫声刺破。彼时，我们正被蛇群团团围住，成千上万的爬行动物在我们面前盘绕。但是，把我们吓得魂不附体的不是蛇群，而是这个尖叫声。你可能觉得这么说有点奇怪。我们抬头望向蛇窟的边缘，看到几个人站在一个惊恐的日本女人身边。不远处，一名摄影师正在从头到尾地捕捉她的戏剧性反应。几分钟后，瑟瑟发抖、惊恐若狂的女人被带走了。原来她正在参与摄制一个有关恐惧症的日本电视节目。显然，导演并没有告诉她将会看到什么——尽管她非常害怕蛇，甚至在她去蛇窟的路上蒙上了她的眼睛，这样他们就能准确地捕捉到她最恐惧的噩梦时刻。

幸运的是，雄性束带蛇正专注于一年之中的头等大事，即使是尖叫的人类也不能阻止它们。一旦身体温暖起来，雄蛇就准备好去迎接体型更大的雌蛇。雌蛇这时才探出洞穴，姗姗来迟。雄蛇的数量是雌蛇的 100 倍，所以争夺雌蛇的竞争非常激烈。而且，雌蛇出现后的第一个行为便是释放诱人的信息素，会让原本还不够兴奋的雄蛇变得亢奋。雌蛇也必须让身体温暖起来，但它的策略是利用雄蛇的体温来加速这一过程。这不会花很长时间。可能会有几十只雄蛇围着雌蛇试图引诱它，争夺它的注意力，但雄蛇太多，交配根本无法进行。所以雌蛇要通过一个测试，在众多追求者中优中选优。它会爬上蛇窟的岩壁，那些还紧紧追随着它的追求者就会赢得青睐。可能会有几个追求者一同越过终点线，在这种情况下，它会与所有的追求者交配。一旦雌蛇全部钻出巢穴并完成交配，所有束带蛇就会穿过草地各自离去。它们会一直独自生活，直到 10 月份气温下降不得不回到洞穴。

束带蛇的交配故事中有一个有趣的小插曲。似乎有一些雄蛇试图欺骗交配系统，它们不是依靠太阳的能量慢慢地使自己温暖起来，而是让其他雄蛇来温暖它们。它们会产生让自己闻起来像雌蛇的信息素。这种信息素非常强烈，难以忽视，会诱导焦急等待着的、疯狂的雄蛇直接进入求爱的第一阶段。被欺骗的的雄蛇把自己裹在那些鬼鬼祟祟的同性身上，并把来之不易的体温转移到这位欺骗者身上。欺骗者们只在这种状态下停留 1～2 天，但这就足以使它们获得想要的一切。它们为什么需要温暖起来？研究人员认为，快速升温可以让它们不那么容易受到乌鸦等动物的攻击。

太阳

午夜暖阳

第 50～51 页图　俄罗斯北极地区的弗兰格尔岛，一只火冒三丈的雪雁妈妈在教训一只来偷蛋的北极狐

在北半球的高纬度地区，夏天往往稍纵即逝，好在夏日里白昼漫长，弥补了季节的短暂。在加拿大努纳武特地区的克拉克湖，夏季不分昼夜，阳光整日倾洒，不知疲倦。这个短暂而又高强度的生长季催生了大片繁茂的新鲜植物，吸引了 1 500 多千米外的南方访客。

不到半个月，克拉克湖就会从除了风啸声外一片死气沉沉、平平无奇的冰天雪地，变成一个喧闹的鸟类筑巢的"大都市"。即使对于经验丰富的野外生物学家来说，这种转变也相当惊人。阿兰·吕西尼昂是我们的场务和摄影助手，他在克拉克湖度过了 6 个夏天。他说："周遭的声音景观突然发生了显著的变化。清晨，当你走出简易房屋，迎接你的不再是一片寂静，而是响彻天边的纷杂鸣叫。"雪雁们着陆了，再过几周，它们的数量将达到近 100 万只。到那时，这里就会成

为地球上壮观的鸟类聚集地之一。

　　雪雁是实行一夫一妻制的鸟类，它们成对向北迁徙，如果到达的时机恰到好处，它们就可以直接开始筑巢。但北极的天气变幻莫测：来得太早，积雪还未消融，它们就无法筑巢；来得太晚，又可能错失最佳筑巢地点。最佳的筑巢地点在栖息地的中部，雪雁夫妇们对这块"高端房地产"的竞争非常激烈。失利者将被迫在外围地带筑巢，那里更容易受到像北极狐这样的捕食者的攻击。不出所料，雪雁最密集的地方最令人印象深刻，那里目之所及皆是雪雁，形成了一道美丽的风景。根据阿兰的说法，一个人可能徒步数小时都走不出这片广阔的栖息地。

　　雪雁一筑巢，北极狐就开始蠢蠢欲动，它们已经在克拉克湖度过了一整年，其中超过 6 个月都在冰冻的土地上苦苦挣扎，这些雪雁会帮助它们脱离饥饿。这一点对于正处在繁殖期的北极狐更为重要，它们会在这个时节产下幼崽。到幼崽长得足够强壮，能走出窝之前，每只幼崽每天需要 1 200 多焦耳的热量。对于北极狐父母来说，这个数字可能还要再乘以 20（北极狐一次可以产下超过 20 只幼崽）。这样一来，它们寻找食物的负担就更重了。北极狐父母必须夜以继日地搜集食物，不仅是为了满足它们的孩子的日常所需，而且是为了应对漫长冬季的到来。

　　一旦雪雁开始孵蛋，它们的蛋就会成为北极狐的首选佳肴。为了接近鸟蛋，

上图　趁雪雁妈妈不在，北极狐偷了 1 枚蛋。它一天可以收集多达 40 枚鸟蛋，并将它们冷藏起来，留到没有其他食物（如旅鼠）时再食用

第 54～55 页图　北极狐妈妈与幼崽。北极狐父母共同抚育后代——但如果一窝幼崽的数量超过了 20 只，这就是件苦差事了

北极狐必须赶走正在孵蛋的亲鸟和一旁站岗的伴侣。然而，这些雪雁不会轻易言败，没有几对雪雁会不战而退。妄图偷蛋的北极狐会被鸟嘴猛啄、翅膀狂扇，遭到全力攻击。顽强有力的防御可能会为雪雁赢得胜利，不过这种情况并不常见。克拉克湖的北极狐善于偷窃，而且很会投机取巧。偶尔，如果一只北极狐发现一对雪雁夫妇短暂离巢去补充食物和水，它就会毫不费力地偷袭雁巢。

仅仅 3 周，一只北极狐就可以偷 800 多枚鸟蛋。一部分蛋会被用来喂饱饥肠辘辘的幼崽（它们有时也吃旅鼠），但大部分蛋都被埋在地下，这是过冬的重要食物。有些北极狐显然比其他同类更重视这一点。一项研究发现，一只北极狐在它的储藏室里储藏了 136 只海鸟。

当雁蛋孵化之后，北极狐还会抓捕小雁（也会把它们藏起来），偶尔也会去抓成年雪雁。对于北极狐来说，最重要的是趁着有阳光照耀的时候抓紧时间囤粮——更准确地说是"打砸抢掠"。根据多年的经验，它们知道这个栖息地很快就会消失。事实上，小雁一孵化，雪雁父母就开始带着它们向北来到海岸边，那里的草木更加丰茂、富有营养。到了 7 月中旬，这片栖息地就变得空空荡荡了，只剩下被遗弃的雁巢和随风飘散的羽毛。这个曾经熙熙攘攘的栖息地那时会有一种音乐节结束后的清晨的气氛。

太阳

雪雁摇篮曲

在克拉克湖进行拍摄时，工作人员会面临重重挑战。这里是加拿大最大的保护区——毛德皇后湾保护区的一部分，该保护区占地6.2万平方千米。不过面积大只是挑战的一部分。6月上旬，一旦冰雪完全消融，出行会变得更加困难。克拉克湖被洪水席卷，水面上四处漂着大片浮冰，如同迷宫。滑雪板已经不能满足需要，必须使用船只。早晨还清晰可见的一条路可能在几个小时后就受风向影响而无法通行。阿兰说："通常情况下我们别无选择，只能像早期的一些北极探险家那样把船拖过冰面。"

接下来的问题是，选取一天中的哪些时段进行拍摄呢？相关工作人员也要根据拍摄时间相应地调整生物钟。在极昼中生活的动物有着不同的活动时间：一些动物夜间（或者说在本应是夜晚的时候）休息；另一些动物白天休息；还有一些动物全天都很活跃，尽管活跃程度可能仍有高低之分。

北极狐大部分时间都很活跃，但它们在夜间更加兴奋，而且由于夜间的拍摄光线更好（太阳高度较低），因此摄制组调整生物钟，与北极狐同步在夜间活动。另一方面，克拉克湖的研究人员上白班，所以只有在晚餐时间摄制人员才能和科

第56～57页图 摄影师伊沃·诺伦堡在加拿大克拉克湖拍摄雪雁和北极狐。即使是在24小时日照的仲夏，荒原也寒冷刺骨

学家们会面。

　　本次拍摄的主要目的是记录克拉克湖的北极狐偷蛋和藏蛋的情景。和许多野生动物影片拍摄一样，这次拍摄也面临一个挑战：如何在正确的时间选择正确的地点。预测时间和地点可不是一件容易的事，因为雁巢成千上万，北极狐可能选择其中任何一个下手。因此，正如通常会发生的那样，最佳策略就是根据实地观察来选择最有可能性的地点，然后期待好运降临。幸运的是，我们的坚持得到了回报——当时太阳高度处于最低点，寒冷的气温让摄影师伊沃·诺伦堡保持警觉。在密切观察这片栖息地的漫长时间里，伊沃说："如果不是因为寒冷，雪雁绵延不绝的叫声简直让人昏昏欲睡。"尽管伊沃有时需要在雪雁的"摇篮曲"中努力保持清醒，但他从来不会感到无聊。对他来说，或者对于大多数野生动物摄影师来说，像克拉克湖这样真正的荒野是一块宝地。如今，环视360°都杳无人影的地方越来越少。"我怎么都看不够。"伊沃说。

自然的节律

所有动植物天生就具有生物钟，也就是科学上所称的昼夜节律。这种节律与地球 24 小时的自转周期大致同步。简而言之，生物钟就是身体的苏醒及睡眠周期。大脑松果体会分泌一种叫作褪黑素的激素，正是这种激素影响着睡眠。对于像人类这样的昼行性动物来说，褪黑素会在夜间开始分泌，在午夜达到峰值，到了早上约五六点就会停止。这就是为什么我们（或者说我们中的大多数人）在晚上会感到疲倦，到了早上就会清醒。这也解释了为什么快速跨越时区会产生时差反应。生物钟不完全依赖于光照，也受其他因素影响，例如进食时间和环境温度。但离开光照，人的昼夜节律就会严重失衡，影响心理和生理健康。和晨昏周期保持一致是重新同步生物钟的最有效方法。

生活在温带地区的动物不仅需要依靠昼夜节律来适时保持清醒和感到困倦，还需要一个相对长期的内生日历，以有效"预测"未来，预估季节状况。植物和动物的这种通过测量昼长来确定一年中时间节点的能力，被称为光周期性。失去这种能力，动物就无法确定开拓领地、交配、繁殖后代，甚至迁徙的最佳时机。比如，在周遭食物稀缺的隆冬时节，生育幼崽在大多数情况下都是灾难性的。同样，雄性鸣禽在雌性对繁殖不感兴趣时全力以赴地唱歌也只是白费心血。

这种长期的内生日历对某些物种生理和行为的影响比你想象中的更加惊人。一年中白昼的长短变化甚至会使驯鹿的眼睛从金色变为蓝色。金色更适应夏日无尽的日光，而蓝色则更具感光性，帮助驯鹿在阴沉的冬季具有更好的视野。驯鹿的内生日历也会导致褪黑素产生季节性变化。在周围食物丰饶的夏季，褪黑素的分泌被抑制，这样驯鹿就不会感到疲倦，这意味着它几乎可以一直吃草。

光周期性还会使一些动物的大脑和性器官在冬天收缩，这样它们就可以将更多能量用于体温调节等功能。这会导致这些动物的攻击性发生变化——在开拓领地和交配时期攻击性升高（通常是在周围食物更充足的时候），但在需要养精蓄锐的冬季攻击性会降低。对于那些在早春产仔但妊娠期相对较长的动物，比如大角羊，内生日历会告诉它们在白昼逐渐变短时开始交配（因此它们在科学上被称为"短日照动物"）。对于像西伯利亚仓鼠这样的长日照动物来说，它们的妊娠期很短，光周期性决定了它们的交配通常发生在春末夏初。

右页图　加拿大阿尔伯塔省西部的山坡上，一只大角羊妈妈和它的小羊羔

第 60～61 页图　美国加利福尼亚州戴维斯市，在一个寒冷早晨，一只雄性红翅黑鹂迎着日出歌唱

第62~63页图 挪威斯瓦尔巴群岛，一只母驯鹿和它的双胞胎幼崽。斯瓦尔巴群岛驯鹿是驯鹿的一个小型亚种，它们已经在斯瓦尔巴群岛生活了5 000多年，因此很好地适应了冰天雪地的环境

夏秋之交

　　光周期性也使树叶的颜色在夏季生长季结束时发生变化。随着白昼缩短，日照减少，光合作用产生的能量微乎其微。于是，落叶树开始关闭一片片"树叶太阳能电池板"，为冬天做准备。这些树木知道何时该这么做，因为它们也在观测白天的长度：如果不采取行动，叶片细胞内的水分就会被冻结，树叶就会纷纷凋落。

下图 秋色笼罩了美国科罗拉多州克雷斯特德比特山

因此，控制好了这一过程，树木就可以保存重要的能量。

　　树木在进行光合作用的过程中，叶绿素对于吸收阳光至关重要。但是，在夏秋过渡时期，叶绿素却开始分解。叶绿素减少后，叶片中的其他天然色素（如胡萝卜素和叶黄素）就会占据上风。正是这些色素将树叶"染成"红色、金黄色和棕色的同时，宣告着秋天的到来。这是自然界中伟大的变化之一——事实上，这种颜色变化相当显著，在某些地区，例如美国的新英格兰地区，叶子的变化甚至可以从太空中观察到。

同时，树枝开始切断与每片叶子的连接，在连接处生成蜡质层，阻断水分输送。当叶子凋落时，蜡质层就会起到保护作用。这个过程结束之后，光秃秃的树木就会进入休眠状态——一种安全过冬的有效手段。

对于生活在地球温带地区的野生动物们来说，季节就像天然的红绿灯。夏天漫山遍野的绿色是在告诉它们要充分利用资源。秋天的橙色和红色则是大自然发出的视觉信号，暗示它们这一年能够活跃的时间已所剩无几。例如，生活在中国四川省的森林里的金丝猴，会在冬天来临之前尽可能多地享用松果。一旦松果吃完，在森林重回绿色之前，这些顽强的猴子将会面临食物短缺。

上图 中国陕西省秦岭，随着冬天临近，雄性金丝猴在争夺日益减少的资源

右页图 一个金丝猴群可能有几百只金丝猴，但猴群的规模全年都不稳定。猴群内部通常还会有若干个小家族，成员数量在 9～18 只不等，由一只雄猴、多只雌猴以及它们的幼崽组成

太阳能技术

尽管赤道地区每年受到的日照最为集中，但地球上最热的地方却不在这里，而是在赤道以北和以南的热带地区，那里的年降雨量不到 50 毫米——符合公认的沙漠定义。地球上面积最大的沙漠就是撒哈拉沙漠。从赤道升起的空气温暖干燥（空气从雨林中升腾起来之后，气体温度就已经上升了 10℃），不断吹蚀着这片荒芜之地。

由于降雨稀少，这里的植被自然也很稀疏。没有云朵和树木的荫蔽，地面受到了强烈的太阳辐射。生活在这里的动物不仅必须适应缺水甚至没有水的生活，也需要运用一些策略来远离高温——尤其是在白天，白昼气温可以飙升至 50℃以上，地面温度则高达 65℃。如果一个人在一天中的这个时间被迫在外活动，他可能马上就会变得生不如死——除非他是一只撒哈拉银蚁。

不只是疯狗和英国人才会在正午顶着太阳出门[1]。正午时分，我们的抗暑勇士——撒哈拉银蚁准时出现在了沙砾上，四处搜寻那些被烈日烤焦的受害者。这种行为看似鲁莽至极，但此时展开猎食活动意味着撒哈拉银蚁不必担心其他捕食者，因为它们此时都只想躲避太阳——除了撒哈拉银蚁，没有谁还能做出在正午的沙漠中到处游荡这种疯狂的举动了。因此，没有任何竞争对手和撒哈拉银蚁们争夺昆虫尸体。

为了在高温中生存下来，撒哈拉银蚁们运用太阳能技术来防止身体过热。它们的身体上覆盖着一层可以反射太阳光的特殊玻璃状毛发，这也是为什么它们是银色的。撒哈拉银蚁还是世界上跑得最快的蚂蚁，甚至相对于它们的体型而言，撒哈拉银蚁可能是地球上行动最迅速的动物。它们活动起来可以达到每秒 85 厘米的惊人速度。最近，科学家们发现，当银蚁以这样的速度跑动起来时，它们几乎可以 6 条腿同时离开地面，在空中飞跃。当地面热到足以煎鸡蛋时，这是一种相当实用的适应能力。然而，尽管已经具备了这些特殊素质，撒哈拉银蚁仍然只能在这样的高温下坚持几分钟。再久一点它就会"中暑"，就像它所搜寻的食物一样。因此，在沙丘上迷路将是灾难性的。为了避免这种情况，撒哈拉银蚁每隔几秒钟就会转一圈确定太阳的方位。等时间到了，它就可以直接回到安全的巢穴中。如果一只银蚁发现了一个可以作为食物的受害者，它就会把它拖回地下巢穴。如果食物太大，则需要其他银蚁来协助运输，或者将其分割成小块儿。然而，屠宰需要时间，所以撒哈拉银蚁需要权衡这样做的风险和回报——尤其是当它们已经离开巢穴一段距离的时候。即使撒哈拉银蚁是世界上伟大的烈日生存专家，也不得不争分夺秒。

右页图　摩洛哥南部的撒哈拉银蚁。这些蚂蚁运用了太阳能技术——反射阳光的毛发和长腿，它们至少可以在短时间内承受 65℃的地面高温。这些蚂蚁发现了一只被太阳烤焦的甲虫，正在把它拖回自己的地下巢穴

① 出自诺埃尔·考沃德的著名歌曲《疯狗和英国人》。

酷热难当

很显然，对人们来说，高温也是一个主要问题。关于疯狗和英国人的说法可能是有一定根据的，因为当温度超过 50℃时，人体就无法迅速降温。事实上，在人类发明空调之前，地球上的某些地方几乎无法长期居住。那么，在没有空调的情况下，可以在这样的温度中展开拍摄吗？答案很明白：可以，但非常困难。的确，这不仅是对摄制组的挑战，也是对摄影器材的考验。导演尼克·肖林－乔丹在摩洛哥南部开拍的第一天就发现了这一点：当时气温非常高，摄像机的冷却扇吸进热腾腾的空气反而把摄像机加热了，结果就是摄像机不停地关机。另外就是摄影师理查德·柯比面临的问题。正如尼克所说："尽管理查德口中喝着冷饮，头顶打着遮阳伞，内心无比坚定，但当他趴在灼热的沙子上时，还是面临着中暑的风险。"尼克亟需解决这两个问题，而且要速战速决。

我们做了很多技术方面的尝试，但都没有成功。比如，为摄像机制作了一个锡箔散热器，但它总是被沙漠大风吹走。最终，团队的当地制片人想出了一个方法，只用一个毫无技术含量的手段就一举解决了问题（现场的解决方案通常如此，特别是在偏远地区）。我们将两大块通常用来做头巾的白色棉布浸湿，然后包住理查德和摄像机。简单来说，是利用沙漠的热风通过蒸发（或者物理上所说的潜热）来为二者降温。这一方法将温度降低了足足 15℃，刚好能使摄影师和摄像机保持拍摄状态——当然，棉布头巾需要定期重新浸水。

高温并不是拍摄面临的唯一问题——我们所拍摄的小动物在沙漠的热风中行动如飞，几乎像在沙丘上飞旋的沙粒，拍摄起来十分艰难。一个简单的类比，撒哈拉银蚁如果拥有和运动员尤塞恩·博尔特相同的体型，那么博尔特必须以 760 千米的时速奔跑才能达到与撒哈拉银蚁相当的水准。要在包着湿棉布的状态下追踪、聚焦无比迅捷的撒哈拉银蚁可并不容易，但几周后理查德和尼克终于捕捉到了他们想要拍摄的场景。据尼克说，他们的成功部分归功于他们在沙漠边缘找到的小酒吧。他们在正午的阳光下辛苦工作了一天，是酒吧的啤酒帮助他们解渴并恢复理智。

右图 摩洛哥南部，摄影师理查德·柯比正在拍摄撒哈拉银蚁。在酷热的白天，只有用浸湿的白色棉布裹住摄影师本人和他的摄像机，才能保证二者都能正常工作

阳光下的生活

对于许多人，尤其是那些高纬度地区的人们来说，在夏日享受无尽的阳光是一件梦寐以求的事。在那些地区的秋冬季节，昼短夜长，人们必须忍受寒冷、潮湿和灰暗的天气。不过，对于生活在这些地区的某些动物来说，到温暖的地方过冬其实是一个可以实现的目标。

灰鹱是世界上数量庞大的海鸟之一，它们会在南北半球往来迁徙，避开地球倾斜所带来的季节变化。它们每年从南半球飞到北半球，然后再折返，总里程高达惊人的 6.4 万千米，相当于绕地球 1.5 圈。它们一生中可能会飞行 160 万千米有余——约等于地球和月球之间往返 2 次的距离。北极燕鸥在南北两极之间迁徙时要飞得更远，它们经常为了享受最好的天气和食物飞上数万千米。

很难说灰鹱是向北迁徙的南半球鸟类还是向南迁徙的北半球鸟类，不过它们会在南半球筑巢，比如在新西兰南端的斯奈尔斯群岛。（繁殖地不一定代表鸟类

下图　加拿大不列颠哥伦比亚省，灰鹱在维多利亚海岸附近的海面捕猎，这是一种在南半球繁殖的常年迁徙物种

的归属地，例如斯文森鹰每年都会在北美和南美之间迁徙，但被视为去北方繁殖的南美鸟类。）

　　灰鹱以鱼类、鱿鱼和磷虾为食，这些食物的数量会随着一年四季的变化而有所增减。但冬季是食物最稀少的季节，这驱使着灰鹱每年进行南北迁徙。动物迁徙的原因可能有很多，但食物供应可能是最常见的原因。

　　食物数量的季节性起伏显然会对当地的野生动物产生巨大的影响。以我们常见的园林鸟类之一——蓝山雀为例。在英国，蓝山雀的平均寿命不到 3 年。热带地区与蓝山雀体型相近的鸟类，例如长尾侏儒鸟，其平均寿命预期却超过 10 年。之所以存在这种差异，是因为长尾侏儒鸟一年四季都有稳定的食物供应，而且生活在温暖的环境中。但是蓝山雀则不得不经受寒冷的考验，同时还要应对突如其来的食物严重短缺。不可思议的是，当严冬降临时，这种动物竟然还在四处游荡。然而，灰鹱和北极燕鸥迁徙数万千米的能力已经进化了数百万年，这就是为什么很少有哪一个物种具有类似的惊人耐力。在这里提起也许不太恰当，有一首著名的歌曲这样唱道："当一切变得举步维艰，只有最坚强的才能坚持下去。"

因此，当南半球的食物量开始减少时，吃饱喝足的灰鹱就会抖擞精神，飞向太平洋。它们的北方之旅将会前往以下三个目的地之一：日本群岛、堪察加半岛或从阿拉斯加向西延伸的阿留申群岛。没有人知道它们为什么选择了这些地方，奇怪的是，即使是来自同一个巢穴的兄弟姐妹最终也会去往不同的地方。但是，无论鸟儿们选择在北方的哪个地点度过夏天，关键是要在它们最喜欢的食物——磷虾的产量无比充足时到达。夏天的阳光会使浮游生物大量繁殖，从而增加磷虾的产量。

第 74 ~ 75 页图　美国的阿留申群岛附近，灰鹱和座头鲸长途跋涉了数千千米，充分享用了夏季的磷虾大餐

灰鹱并不是唯一一种在阿留申群岛享用季节馈赠的动物。每年，多达 6 000 头座头鲸会从它们的热带繁殖地向北迁徙。它们已有 6 个月没有进食，此行只为了饱食磷虾。座头鲸和灰鹱分别从海里和空中夹击鱼群，灰鹱甚至可以潜入海中近 70 米。座头鲸和灰鹱共同创造了地球上伟大的生命聚集地之一。这些动物在看似无尽的夏天里找到了独特的生存方式，让这一切成为了可能。

天气
WEATHER

又是雨天？

英国人对于谈论天气的热情或者说痴迷早已声名远播。这一名声得到了统计数据的支持。根据一项调查，94% 的受访者承认自己在过去的 6 个小时里谈论过天气，近 40% 的受访者说他们在过去的 1 个小时里讨论过天气。

一些社会科学家表示，这些对话可能并不在于天气本身，而更像是我们的灵长类近亲用大量时间相互梳理身体的行为。换句话说，这是一种建立关系或主动接触他人的方式——也可以说是一种破冰方式。显然，这些围绕天气的对话是有章法可循的。当有人说："又下雨了？"另一个人应当表示肯定，予以否定是违反礼仪的。但话说回来，如果你住在英国，特别是像我一样住在布里斯托尔，谁会否认"又下雨了"这件事呢？

不管我们为什么喜欢谈论天气，这确实是一个大家都感兴趣的话题。想想我们英国人用来形容雨天的丰富语汇吧：我们有斜风细雨、瓢泼大雨、大雨倾翻或滂沱大雨；也有倾盆大雨、暴雨如注、毛毛雨或蒙蒙细雨；又或是大雨噼里啪啦，再或是劈头盖脸。你可以说天空破了个窟窿，也可以说这是鸭子的好天气。如果你是英国人，你会马上联想到这些表达。关于天气，即使是再隐晦的说法，对我们而言也很容易理解。有一次我从海外拍摄回来，出租车司机（在我上车后的一两分钟里）对我说："最近天气不太灵光。"我当然完全明白他的意思，但我记得当时心里在想，对于一个第一次来英国的游客来说，这句话实在是莫名其妙。

令人惊奇的是，尽管英国如此多雨，我们竟然还发明了一种户外活动——有时一场比赛可能会超过 5 天，而这完全取决于下不下雨。如果你熟悉板球，你就会对"因雨停赛"这句话耳熟能详。很显然，英国相当多雨，但雨过天晴后我们一切如常。我写这篇文章的时候，天气时晴时雨——现在阴云密布。就在两年前的这个时候，我的后花园已经铺上了一层及踝深的雪，而今年我们在布里斯托尔连一片雪花都没见过。

基本上（不考虑气候变化的影响），英国的天气特点可以用一句话来概括：变化莫测但并不极端。当然，英国的天气变化无常是有原因的，这很大程度上与它的地理位置有关——英国位于大西洋的边缘，在地球自转的驱动下，来自南方的暖空气与来自北方的冷空气在这里相遇。英国的天气还受到了墨西哥湾暖流的巨大影响。这是一股来自热带墨西哥湾的强大洋流，它使英国的温度比同纬度其他地区要温暖得多。墨西哥湾暖流带来温暖的同时也意味着空气中有更多的水分，

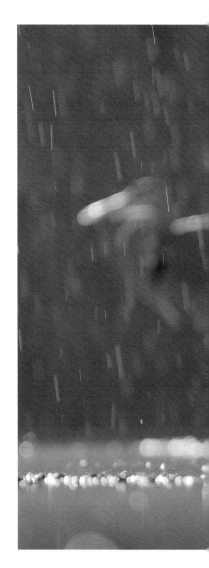

上图 匈牙利基斯昆萨吉国家公园的萨吉湖，冬雨中的苍鹭

这使得英国的天气变化无常。

　　难以预测的天气并非英国独有。在另一个岛国，日本，天气同样变化莫测（显然他们也经常谈论天气）。其实，这并不是岛屿特有的天气。我曾经花了一年时间在美国南达科他州的荒芜之地拍摄，那里靠近北美大陆的中心。我经常听到的一句话是，"如果你不喜欢这里的天气，请等5分钟。"他们可不是在开玩笑。南达科他州的斯皮菲什镇就是一个典型的例子。该镇保持着最快变温的世界记录，短短2分钟内这里的温度可以从−20℃陡升到7℃。尽管我们很多人都被天气所困扰，但是对于植物和动物来说，更重要的其实是气候。

天气与气候

当人们谈论天气时，有些人可能会认为就是在谈论气候，但这两者其实是一体两面，不能混为一谈。天气是我们头顶那片天空的状态，它每时每刻都在发生变化。而气候则是天气的长期变化趋势——换言之，气候是长时间内天气和温度的平均水平。简而言之，气候是是对天气的预期，而天气则是当下的情况。天气会影响你每天穿什么，气候则会影响你在衣橱里准备什么（有时二者会重合，比如在英国参加夏季露营旅行时，你携带的衣物必须能够应对各种不同天气）。显然，气候因地而异，不同的地方或炎热，或干燥，或湿润，或温和，又或寒冷。正是气候培养了动物们的适应能力，有了这种能力，迁徙物种才能生存下去。

第 80～81 页图　肯尼亚马赛马拉国家保护区，一群雄狮等待着暴风雨结束

遮天蔽日的蝙蝠

每年 10 月，赞比亚卡桑卡国家公园的一小片森林都会经历一次戏剧性的转变。每年这个时候，卡桑卡国家公园都会如期降下大雨，雨水充当了催化剂，让无数果树开始成熟。这是许多动物赖以生存的宝贵粮库。在 4 周的时间里，1 000 万只稻草色的果蝠会从非洲中部的森林中飞到这里，包括许多怀孕的和带着新生幼崽的雌果蝠。其中一些果蝠甚至需要跋涉数千千米，这是非洲最浩大的动物迁徙。这时的卡桑卡国家公园也是地球上规模壮观的哺乳动物聚集地。

下图 从 10 月到 12 月，赞比亚卡桑卡国家公园的一小片森林会成为 1 000 万只稻草色的果蝠的家园。它们会在傍晚时分出发去享用当季丰富的水果——每晚飞行 65 千米

上千万只果蝠栖息在一个不到十几个足球场大的地方，随着它们的数量越来越多，所有的树似乎都挂满了果蝠。在其他地方栖息时，果蝠喜欢在彼此之间拉开大约一个翼展的距离，但在卡桑卡国家公园却不尽然。这片森林里的果蝠密密麻麻，它们的重量常常会把树枝压断，有时甚至会将整棵树压倒。

日落时，果蝠就会离开巢穴觅食。它们会飞到数十千米以外的地方寻找熟透的水果，每只果蝠每晚都会吃掉近 2 倍于自己体重的食物。在 3 个月的时间里，它们能消耗高达 30 万吨水果。在此期间，它们在森林的再生中扮演着至关重要的角色。事实上，因为它们为播种许多热带树木的种子做出了贡献，所以科学家们把这些果蝠称为"热带农民"。

被压倒的树木

你可能会觉得在一小块区域里拍摄 1 000 万只果蝠是件轻而易举的事。不过制片人埃德·查尔斯却不这么认为，他把果蝠栖息的森林称为"黑暗之心"。据他所说，这片森林非常茂密，在森林深处行进 60 米就已经举步维艰。森林里到处都是蛇和鳄鱼，所以每走一步都要打起十二分精神。这里还有豹子，尽管埃德和摄影师约翰·希尔并没有看到这种大型猫科动物。可能是因为这些捕食者的存在，果蝠似乎对树下任何的移动物体都十分紧张。当然，为了拍到栖息的果蝠，埃德和约翰必须非常小心翼翼地靠近树木。而最轻微的扰动都会把果蝠惊起飞往别处。

在拍摄过程中，埃德多次听到树枝被果蝠压断的声音。有一次，一棵直径超过 1 米的大树，连同满树的果蝠，轰然倒下。这也是为什么此处有如此多的捕食者。对于摄制组来说，在挂满果蝠的树下小心翼翼地移动时，还需要敏锐地注意哪些树木可能倒下。

在果蝠脚下工作还有一个明显的弊端。无论它们是在休息还是在飞行，它们的粪便会不断地落在林地上，也落在摄制组身上。这样的拍摄工作并不多见：你所拍摄的动物的接连不断的粪便只是第三大需要担心的事情——头等注意事项是倒下的树木和树枝，其次是蛇和鳄鱼。

幸运的是，这次拍摄不需要每天在野外待上几个小时。毕竟，一组镜头就能拍到大量栖息的果蝠。真正的奇观发生在日落前 25 分钟，那时全体果蝠会起飞出去觅食。遮天蔽日的果蝠着实令人屏息（不是因为飘到林地上的果蝠的粪便）。对埃德来说，果蝠倾巢出动是他见过的最不可思议的事情。

然而，住宿就不尽如人意了。埃德将他们的旅馆称为"赞比亚版的弗尔蒂旅馆"。大多数客人只住两晚，这个时间足以欣赏大规模的果蝠奇观，但埃德和约翰在那里住了 3 周。在团队入住的初期，酒店的蔬菜就只剩下一两种。出于某种原因，青椒却总能保证供应，因此，顿顿饭里都有青椒。另一方面，意大利面十分稀缺，所以端上来的"千层面"中，原有的一层层意大利面被一片片面包所代替。当然，在偏远的地方拍摄时还是不要太挑剔的好。

右页图·上　赞比亚卡桑卡国家公园的果蝠。这里是地球上壮观的哺乳动物聚集地之一，团队正在使用无人机拍摄它们

右页图·下　白天，栖息在树上的果蝠密密麻麻，经常将树枝压断。有时整棵树都会被它们压倒

降雨机器

用"天气"来描述任何一个地方在特定时间内的大气状态，可能有些笼统，但这种强大的力量对地球起着至关重要的作用。在风的驱动下，大气将淡水以雨、云的形式散布在全球各地。归根结底，陆地上的所有生命都离不开淡水。因此，没有大气的力量，地球上的所有动植物都无法正常生长。

我们生活在一颗蓝色星球上，但是全球只有 2.5% 的水是淡水。在这之中，还有近 99% 的淡水至今仍保存在冰川中或深层地下。所以河流和湖泊中并没有多少淡水，但那却是大多数陆地生命的水源。在这种情况下，就需要发挥风和云的综合作用。

每秒钟都有超过 1 600 万吨海水从海洋中蒸发形成云，云朵中包含着数万亿冷凝水滴（冷凝就是水蒸气在空中遇到微粒而凝结的过程，这些微粒来自火山爆发、沙尘暴、火灾甚至污染）。这些蒸发的水分最终会以降雨的形式回到地面，完成海陆循环，这一点非常重要。

从蒸发到降水，一滴雨可能会穿越数千千米的旅程。这种现象受到地球的形状、倾斜度和自转的综合影响。地球是一颗倾斜的星球，这意味着它的某些部分会比其他部分受到更多的太阳辐射。这就解释了为什么赤道比两极更热。这种不均匀受热产生了不同温度的气团。风会从高压地区（空气凉爽、干燥）吹到低压地区（空气温暖、湿润），试图平衡这些差异。如果我们生活在一个没有风的世界，这些冷凝水滴就会直接落回水面。但是，在地球的自转作用下，风会在全球范围内循环，将雨云运送到很远的地方。

右页图　菲律宾吕宋岛巴拿韦，一只食猿雕从热带雨林上空飞过

左图　印度尼西亚加里曼丹岛中部的丹戎普丁国家公园，一只雌猩猩和它的幼崽把树叶举在头顶遮雨

大洪水

地球自转和盛行风方向通常决定了云会飘向何处。因此，地理位置不同，降雨量也有多有少。以亚马孙雨林为例，这是地球上最湿润的地方之一，年降雨量超过2 000毫米（尽管很大一部分降雨是由亚马孙雨林自身通过蒸腾作用产生的。蒸腾作用是植物将水分以水蒸气的形式散发到空气中的过程）。亚马孙河有成千上万条支流，约占全球入海河流总流量的20%。也就是说，亚马孙河每天有超过190亿立方米河水注入大西洋。亚马孙河的水流无比强劲，据说人们远在能看到这片南美洲大陆之前就可以喝到被河水冲淡的海水。

亚马孙河流域降雨量非常多，每年从11月份开始，降雨量还会骤增。在此期间，一片英国国土面积大小（约25万平方千米）的区域就会被洪水淹没，雨林会变成一片季节性湿地。被淹没的区域从河岸向外延伸约20千米，变成了地球上最宽广的洪泛森林。森林中的洪水可能深达10米，因此，生活在这里的生物都必须学会游泳或者爬树。

鸟儿曾经飞过的地方，如今则是往来的游鱼。这些鱼儿只有雨季才会暂居于此，许多树木为了利用它们传播种子，纷纷结出了果实，这对于草食鱼来说是一个大好时机。亚马孙河豚，或称亚河豚，它们的脖子高度灵活，非常适合在洪泛森林捕猎。

洪泛森林中甚至还有美洲豹。这些顶级掠食者既会爬树也会游泳，不过直到近些年人们才发现它们可以在洪泛森林里生活。研究人员发现，在洪峰期，雌美

下图　秘鲁北部的塔皮切河上漂流的蚁筏。亚马孙河的季节性洪水经常淹没这些火蚁的地下巢穴。发生这种情况时，蚁群会迅速疏散，工蚁和兵蚁连系在一起，2分钟内即可结成一个"救生筏"

下图·1 俯视蚁筏。每只火蚁都用下颚、足和腿与相邻的火蚁相连。蚁后和幼蚁被安全地安置在蚁筏的中心

下图·2 新家。当蚁筏停靠到合适的植物上时，火蚁们就会分开。它们将把这棵棕榈树当作临时的家，直到洪水退去

洲豹可以在树上生活 4 个月之久，在树顶繁育和喂养幼崽。无线电追踪到一只雌美洲豹，它带着 6 个月大的幼崽生活在一棵树上，那里离最近的陆地足有 12 千米。

随着森林被逐渐淹没，所有生活在落叶层中的生物都开始往树上迁移。但有一种动物会选择一种截然不同的方法来应对每年的洪水。火蚁生活在地下巢穴中，当它们的巢穴被洪水淹没时，它们会做一些不同寻常的事情。工蚁和兵蚁会迅速疏散幼蚁和蚁后，然后开始建造"救生筏"。蚁后被保护在最安全的蚁筏中央，浮力更大的幼蚁也被放在蚁筏中间。蚁群中其余的火蚁用下颚、足和腿将彼此相连。整个蚁筏可能有 30 层火蚁那么厚，由 100 多万只火蚁构成。这是一个巨大的工程，但只需要 2 分钟就可以完成。像火蚁这样的群居蚁经常被视为一个共同协作的超级有机体。这想必就是"人人为我，我为人人"的终极体现。

每只火蚁身上都覆盖着可以保留空气的细小绒毛。有了这些绒毛不代表火蚁不会溺水，但当它们聚在一起组成蚁筏时，整个蚁筏却几乎永远不会沉没。科学家们认为火蚁们的互相连接具有和防水织物类似的作用。

这种蚁筏可以在水面上漂流数日，甚至数周，但它并不知道自己要漂向何处，只能在洪水中随波逐流。当火蚁们在洪泛森林中穿行时，内部的火蚁和外部的火蚁会循环交换位置，大概是为了让那些在蚁筏底部的火蚁们能够休息一下。研究人员发现，即使是那些在蚁筏底部的火蚁在水中坚持了很长一段时间依然能生存下来。

鱼类会攻击蚁筏。如果蚁筏被它们咬成一个个小块，对于蚁群来说就是灭顶之灾。水黾也会对火蚁造成威胁，它们会用针状口器刺向外缘的火蚁，不过火蚁会合力把它们赶走。

尽管在洪水中漂流是一种双重危险，但火蚁已经学会如何利用洪水开发新的觅食地。当蚁筏最终停靠在树干上或其他合适的植被上时，它们就会立刻分开并带着幼蚁和蚁后移到高处。火蚁们会待在这个临时的家中直到洪水结束，期间以其他被困的无脊椎动物为食，然后再回到林地上，开挖一个新的地下巢穴。

左页图 巴西亚马孙河流域的内格罗河内，阿纳维利亚纳斯群岛的洪泛森林

右图·上 秘鲁塔皮切河，一只水黾正在用它的针状口器刺穿一只火蚁

右图·下 当蚁筏漂过被淹没的森林时，鱼儿试图啃咬火蚁

亚马孙河的断刺

大多数人在观赏自然历史影片时，尤其是在看到这些影片最后放出的制作花絮时，会意识到，拍摄他们刚才看到的这些镜头实际上比想象中更耗时、更困难。即便如此，有些镜头看上去仍然很简单。漂流的火蚁就是一个很好的例子。它们的行为确实非同寻常，而且微距镜头的拍摄效果如你所见，非常好。但如我们前面所讲，火蚁会在洪水袭来时本能地搭成一个蚁筏。那么，想要实地拍摄蚁筏的所有细节到底有多难呢？你现在应该已经猜到了，答案是非常困难。而且，这次拍摄也是我们全部系列拍摄中最容易发生意外的一次。

与一位火蚁专家讨论之后，助理制片人托比·诺兰决定在秘鲁北部的伊基托斯附近选址。前往伊基托斯需要沿着亚马孙河的一条支流乘船走上 8 个小时。到

下图　秘鲁塔皮切河，漂流的火蚁。这种蚁筏可以在水面上漂浮数天，甚至数周。但由于无法控制方向，它们只能"随波逐流"。然而，火蚁已经学会了如何利用洪水开发新的觅食地点

达后的第一件事就是要寻找合适的蚂蚁种类。这并不像预期中的那么容易，因为该地区有很多看上去大同小异的蚂蚁。（人们目前在亚马孙河流域发现的蚂蚁种类有1000余种，实际上可能远远不止这些。）

其实，有一个万无一失的方法可以验证是否找到了火蚁群，那就是被咬一口。被火蚁叮咬或蜇刺后的部位会产生灼烧感（它们通常会又蜇又咬），不过真正导致疼痛的是火蚁蜇人时注入的毒液。显然，它们不是无缘无故被称为火蚁的。只要一有机会，火蚁就会爬进摄制人员们的小船，所以托比和摄影师约翰·布朗必须习惯这种灼痛感，他们有时还会因此而长脓疱。甚至他们的腿或三脚架刚一沾到蚁筏，火蚁就会顺势爬上来。但如果摄制人员想要拍摄蚁筏的所有细节，比如火蚁们是如何相互交错联结起来的，就需要非常靠近、几乎贴着蚁筏，这意味着他们没有什么躲避空间。而且，由于蚁筏在水面上随处漂浮，摄制人员必然会时不时地碰到它们。

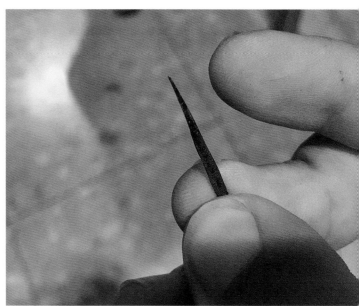

拍摄这些镜头需要极大的耐心，尤其是在火蚁的不断叮咬之下。但是，当事情进展顺利时，拍摄效果则非常令人满意。托比说："随着洪水不断上涨淹没蚁穴，火蚁会从地下涌上来。地面到处都是这些小虫子，仿佛烧开的热锅。如果我们幸运的话，当火蚁准备把幼蚁从它们的地下巢穴带到一个安全的地方时，就会围着它们搭成蚁筏。之后，一个圆盘状蚁筏就会在水面上漂浮起来，像变魔术一样，突然出现在我们面前。"

到目前为止一切还算顺利，但当摄制组尝试从水下拍摄蚁筏时，他们，或者说团队中的一个人，遇到了一个相当棘手的问题。助理摄影师亚历克斯·韦尔在齐脖深的水中跋涉，试图找到一个适合从水下拍摄蚁筏的位置。不幸的是，他没有看到漆黑的水里满是多刺的棕榈树，径直走了进去。尽管有潜水服的保护，他全身上下还是几乎扎满了刺：胸部30根，手上和手腕各有十几根，腿上还有十几根。托比和约翰想方设法拔掉了许多刺，但仍有不少刺断在皮肤里——手腕上尤其多。考虑到在炎热潮湿的环境中容易感染，亚历克斯只好立即返回英国。回到布里斯托尔后，他去了一家恰如其名的"异物诊所"，通过外科手术取出了从亚马孙河带回来的断刺。

我们花了1个月的时间才拍摄完所有的镜头。在被叮咬了无数次之后，托比和约翰准备回家了。和开始时一样，坐船回到秘鲁伊基托斯市附近的诺塔港需要8个小时，他们乘坐一艘典型的亚马孙河船（类似于英国运河船，但速度快得多），将40箱拍摄设备和其他行李装在船顶上。在前面几个小时里，一切都按照计划顺

上图·左 摄制组倾覆的河船。船只刚进码头就陷入了激流漩涡，不一会儿就翻了。人员和装备都被抛入水中。有些装备箱被水淹了，但幸运的是每个人都平安无事

上图·右 从摄影师亚历克斯·韦尔身上取出的一根刺，他在水下拍摄漂流的火蚁时，无意中碰上了一棵多刺的棕榈树

下图 一只秘鲁粉趾狼蛛正向高处爬去，它的洞穴被上涨的河水淹没了。我们对这个物种所知甚少，原来它竟然会游泳

利进行，但就在这艘船驶入码头前的最后时刻，它被卷入了一股意想不到的激流漩涡中。船身摇晃不止，把船顶的重型设备晃得向同一个方向倒去。整艘船突然严重失衡。船很快就翻了，不一会儿就灌满了水。事情发生的时候，托比和约翰正在下面的船舱里，河水涌进门窗往里灌，他们只来得及抓起装护照的小袋子，从敞开的船舱口游出去。托比、约翰和其他摄制人员一起游到河边，抓住了一根系船柱。他们从那里游到码头，然后爬上了泥泞的河岸，方才安全到达目的地。和大多数事故一样，一切都发生在几秒钟之内，虽然实际情况可能会更糟，但谢天谢地，所有人都毫发无伤。他们的装备就不一样了，一股脑全都沉入了河里。在其他摄制人员和围观者的帮助下，他们最终找回了那些箱子。然而，有些箱子已经浸水，里面的设备彻底报废了。最让人担心的是存储着整个拍摄过程的硬盘。以防万一，这些文件总是保存在两个分开存放的硬盘里。托比和约翰找回的第一个硬盘被毁了，但另一个幸存了下来。经历了火蚁的千叮万咬，如果再失去所有的镜头，对所有人来说必定是一个残酷的打击。当然，这件事有一定的讽刺意味：摄制组花了4个星期的时间来拍摄这些浮在水上不会下沉的火蚁，结果自己却沉了。

沙洲与巨型侧颈龟

虽然名称中带有"雨"字，但是热带雨林并不是每天都会下雨。雨季过后，亚马孙河流域的降雨就会减少，有时甚至会进入枯水期。动物们能够预测这些天气模式（更准确来说是气候），并据此来调整自己每一年的行为安排。

每年 10 月，成千上万只雌性巨型侧颈龟开始在亚马孙河流域各处聚集起来。随着雨季结束，亚马孙河各条支流的水位开始下降，逐渐显露出沙洲。对于这些巨型侧颈龟来说，如果沙洲上有超过 1 米厚的干沙，那么这里就算得上是完美的

第 96 ～ 97 页图　在流经巴西与玻利维亚边境的瓜波雷河中的沙洲上，正在筑巢的巨型侧颈龟

筑巢地。

　　到达沙洲后，巨型侧颈龟不会马上产卵。在接下来的一两周里，这些体长 1
米的爬行动物一天中有一部分时间都会在沙洲边上晒太阳。这期间，它们的卵会
在体内慢慢发育。不晒太阳的时候，它们就浮在水面上，抬起头观察周遭的情况。
随着时间一天天过去，来这里产卵的巨型侧颈龟会越来越多。这些大型筑巢沙滩
吸引了多达 5 万只巨型侧颈龟来此，相当于全世界总数的 1/4，然而和它们曾经的
数量相比，这只是个小数字。在 19 世纪，巨型侧颈龟的数量估计曾达到上千万。
后来人们为了获取巨型侧颈龟的肉和蛋而对它们进行了广泛捕杀，导致巨型侧颈
龟数量锐减。

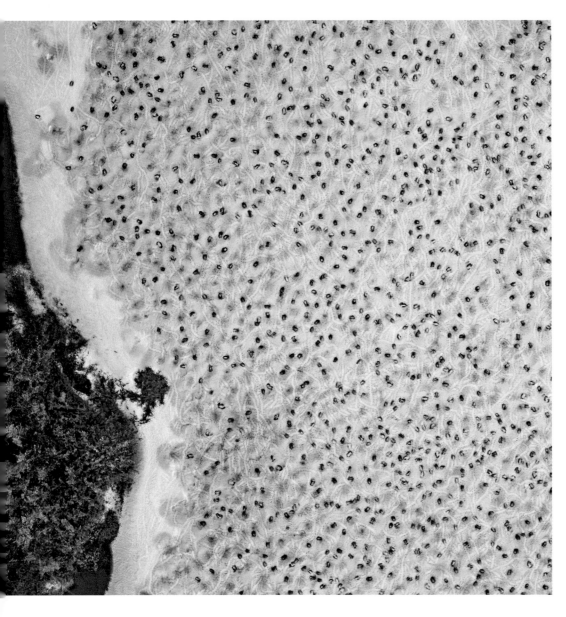

左图 每年 10 月，约有 5 万只巨型侧颈龟（全世界总数量的 1/4）会来到瓜波雷河的季节性沙洲上筑巢

上图·1 在筑巢之前，巨型侧颈龟会花大量时间在沙滩上晒太阳。人们认为这种行为可以加速卵的形成和发育

上图·2 一只正在筑巢的巨型侧颈龟。大多数巨型侧颈龟在晚上产卵，但这里的巨型侧颈龟实在太多了，所以在日出后的 1~2 个小时内仍有巨型侧颈龟在产卵

上图·3 经过 55 天的孵化，一只刚出壳的小巨型侧颈龟从沙子中爬出

上图·4 亚马孙河的旱季和雨季循环交替，龟巢常常在龟蛋孵化之前就被河水淹没了。这些幼龟非常幸运，能在大雨淹没所有未孵化的龟蛋之前破壳而出

巨型侧颈龟通常会在半夜或者凌晨产卵，它们要赶在阳光变得炙热之前完成这件事。产卵时间一到，沙滩上很快就布满了前来筑巢的巨型侧颈龟。因为它们的数量实在太多了，所以，刚来的这一批巨型侧颈龟筑巢时往往会不小心挖出上一批巨型侧颈龟的蛋。不过这些蛋不会被浪费，因为红头美洲鹫和凤头卡拉鹰已经在守株待兔，准备享用"从天而降"的美餐。每只巨型侧颈龟会生出大约 100 枚蛋。整个筑巢和产卵过程需要约 1 个小时，在这个过程中，雌性巨型侧颈龟的身上会洒上附近其他产卵的同类刨土挖洞时掀起的沙子，还有恼人的蜜蜂会来吸食她眼睛里流出的盐分。在巢穴中产完卵，再盖沙拍平之后，雌性巨型侧颈龟就会拖着沉重的身体回到水中，离开这个地方，直到下一个旱季才会再回到这里。

其他巨型侧颈龟仍在等待筑巢的时机。晚到也有晚到的好处，它们的蛋不会被别的巨型侧颈龟误挖出来。但如果河流提前涨水，沙滩就会被淹没，它们的蛋就无法完成 55 天的孵化过程。筑巢的沙滩一露出水面，巨型侧颈龟就会在本能的驱使下开始繁殖，但剩下的只能交给命运。事实上，巨型侧颈龟的未来完全取决于旱季是否稳定。不幸的是，结果并不尽如人愿。

被淹没的沙滩

1999 年，我在巴西亚马孙河的一条重要支流——欣古河的沙洲上拍摄巨型侧颈龟筑巢的景象。这条河一片宽广，沙洲处的河面宽达 14 千米。从沙滩上放眼望去，几乎看不到两边的陆地。我们原本估计大约有 5 000 只巨型侧颈龟会在繁殖期上岸产卵。但实际的情况是，那一年海岬地区降下的暴雨使河流水位暴涨，这导致了灾难性的后果——那一年的龟卵很可能无一幸存。在我们拍摄的时候，大部分筑巢的沙滩都被洪水淹没了，那些还没有产卵的巨型侧颈龟别无选择，只好等来年再计。

2019 年，我们为《完美星球》拍摄了巨型侧颈龟筑巢的场景，当时的情况大有改善。不过，一开始并不顺利。我们的第一站是特龙贝塔斯河，这里是 30 年来巴西最大的巨型侧颈龟产卵地。这种情况一直很稳定，因此全球研究巨型侧颈龟的权威专家都毫不犹豫地将此地荐为首选。不幸的是，我们的经历截然不同。

2018 年，我们首次开始拍摄。原本应该出现在特龙贝塔斯河的成千上万只巨型侧颈龟锐减至 500 多只，而且那些来到这里的巨型侧颈龟都表现得草木皆兵。这是它们对捕猎和其他干扰的应激反应。我们还是拍到了一组筑巢镜头，不过效果差强人意。幸运的是，经过进一步研究，我们在巴西和玻利维亚交界处发现了一个更大更好的筑巢地点：瓜波雷河，据说有多达 5 万只巨型侧颈龟在那里筑巢。

那次旅程从英国出发，为期 5 天，其中包括 11 个小时的车程。用摄影师马特·埃

左图 摄影师汤姆·罗兰在瓜波雷河拍摄的一只巨型侧颈龟

上图　巴西本地剧务、摄影师助理毛里西奥·科佩蒂在拍摄筑巢的巨型侧颈龟

伯哈德的话来说，途经了"为期40年的森林砍伐"区。他和助理制作人达伦·威廉姆斯到达瓜波雷河时，筑巢正进行得如火如荼。这次，巨型侧颈龟的数量和预测的一样多。最重要的是，它们对摄制人员没有表现出丝毫畏惧，这就表明它们没有遭到过猎杀。当地民众对这片沙滩展开了精心保护，引来了大量巨型侧颈龟在瓜波雷河筑巢，而特龙贝塔斯河的情况则恰恰相反，原因自然不言而喻。

在他们到达瓜波雷河的几天内，每天都有上千只巨型侧颈龟在这里筑巢。筑巢的时间或是从午夜到凌晨2点，或是从早上8点到9点。不筑巢的时候，它们就在沙滩上晒太阳，或在河里漂着。每当有巨型侧颈龟在沙洲上筑巢，四周就会到处都是砰砰作响的声音——那是数百只巨型侧颈龟在用肚子将沙子压实时发出的声音。达伦说，这种声音表明它们筑巢非常顺利，相当令人欣慰。

尽管吸引了大量巨型侧颈龟来筑巢的瓜波雷河位置偏远，但亚马孙河流域最重大的环保问题并未消失。马特和达伦每天都能看到森林燃烧产生的烟雾，闻到植物烧焦的味道。这让拍摄陷入了一种悖论。燃烧的烟雾遮住了太阳，产生了具有电影质感的柔光。摄影师马特不禁对这种美学效果感到非常满意，但正如他所说："照片背后隐藏着一些惊人的东西。"

旱季又一次早早结束，许多后来产下的龟卵都不幸被上涨的河水淹没了。像这样的早洪曾经20年发生1次。如今，由于气候和干湿循环发生了变化，巨型侧颈龟每隔4年就会遭遇1次这样的不幸。

非凡的青蛙

　　风可能会给亚马孙河流域带来充沛的降雨，但风并没有将这种幸运播撒到这个星球上的每一个角落。地球上 1/3 的土地都是沙漠，这些地方年降雨量不足 50 毫米，蒸发量经常远远超出降雨量。许多人认为沙漠里到处都覆盖着沙子或者沙丘，但是这种沙漠只占这些干燥地区和特干地区的 10% 左右。地球上的沙漠多种多样，例如岩石沙漠、仙人掌沙漠、极地沙漠。沙漠的种类与它们最初的形成原因有关。

　　撒哈拉沙漠是世界上最著名的沙漠，它的面积约 966 万平方千米，是世界上最大的沙漠。撒哈拉沙漠是在强大的全球天气系统——大气环流的影响下形成的。当暖湿空气上升到赤道上空时，这个过程就开始了；暖湿空气上升后就会冷却下来。冷空气不能像暖空气那样存留大量水分，因此这些水分就会以雨水的形式释放出来，这就是为什么赤道两侧会有雨林。随着空气冷却上升，它的密度就会越来越大，温度会越来越低，水分也会越来越少，这些冷空气会从赤道向南北方向扩散，最终降回大地。之后，干燥的空气流回了赤道，重新开始了这一过程。这种空气循环以英国气象学家乔治·哈得来的名字命名，被称为哈得来环流。正是哈得来环流创造了地球上的亚热带沙漠，比如撒哈拉沙漠。

　　大陆中心也会形成沙漠，比如中国和蒙古之间的沙漠，内陆形成沙漠是因为从海岸吹来的云往往在到达这些地方之前失去了水分。沿海地区也有沙漠，如智利的阿塔卡马沙漠，这是因为寒冷的洋流上方蒸发较弱，导致空气干燥。雨影也会形成沙漠，例如美国加利福尼亚州的死亡谷。

　　归根结底，所有动物的生存都离不开水，生活在沙漠中的动物也不例外——唯一的区别是它们必须适应水分稀缺的环境。在这种缺水的地方，你会发现一种可能在你意料之外的动物——青蛙。其实很多沙漠中都有青蛙，除了南极的极地沙漠。其中，最奇怪也最可爱的一种，是生活在非洲南部干旱地区的沙漠雨蛙。和大多数小型沙漠居民一样，它会执行严格的防暴晒和防高温的策略，在地下的沙洞中度过一天中的大部分时间，只在适合觅食的晚上才出去。

　　这种雨蛙的形状和大小都像棉花糖。它的腿短而粗，球形的身体上长着桨状的脚，可谓是天生的洞穴动物。不过这也意味着它不能跳跃，它会在沙子上摇摇摆摆地爬行，时刻留意着它最喜欢的食物——白蚁。这些小昆虫的身体约 79% 都是水，既能让沙漠雨蛙填饱肚子又能补充水分。当然，前提是沙漠雨蛙真的能把 1 只白蚁送入口中。沙漠雨蛙算不上非常敏捷的捕食者，它要多次发起进攻才能抓

右页图·1　一只沙漠雨蛙。尽管它生活在非洲南部的沙漠，却奇怪地被称作"雨蛙"。这种雨蛙的形状和大小都像棉花糖

右页图·2 和 3　沙漠雨蛙会在晚上钻出沙子寻找它最喜欢的食物——白蚁，白蚁既能让它填饱肚子也能补充水分

右页图·4 和 5　交配中的沙漠雨蛙。体型较小的雄蛙把自己粘在了雌蛙背后，随后它们会回到她的地下洞穴，在那里产卵

到白蚁。当它终于成功抓到白蚁后，沙漠雨蛙必须闭上眼睛，收缩眼球往下推动食物，才能把食物咽下去。这种雨蛙真是处处都很有趣。

白蚁是沙漠雨蛙的一个重要水分来源，可光靠白蚁无法满足沙漠雨蛙对水分的全部需求。它们的沿海沙漠家园虽然降雨稀少，但是有一个相对可靠的水分来源——雾。晚上，冷空气从海上吹来，形成一片浓雾，将沙漠笼罩起来。夜雾在植被上凝结，聚成水珠落入沙子。沙漠雨蛙就是通过这种方式补充水分的——不

第 104 ~ 105 页图　纳米比亚纳米布 - 诺克卢福国家公园的索苏斯弗雷沙漠，其名字意思是"尽头的沼泽"，之所以叫这个名字是因为这里曾是一个终点湖

是喝水，而是经由皮肤吸收沙子里的水分，也许是借助它独特的"腹部吸水区"，它们静止时腹部会贴在沙子上。这片皮肤没有色素分布，呈半透明状，血管密集。科学家们认为这片区域就像吸墨纸一样，有助于沙漠雨蛙从湿润的沙子中吸取水分。沙漠雨蛙非常依赖这种水分来源，因此，它们生存的地方一年中至少要有 100 天大雾弥漫。

在大雾弥漫的夜晚，一只只沙漠雨蛙接连出现在了沙丘上，雌蛙会趁这个机

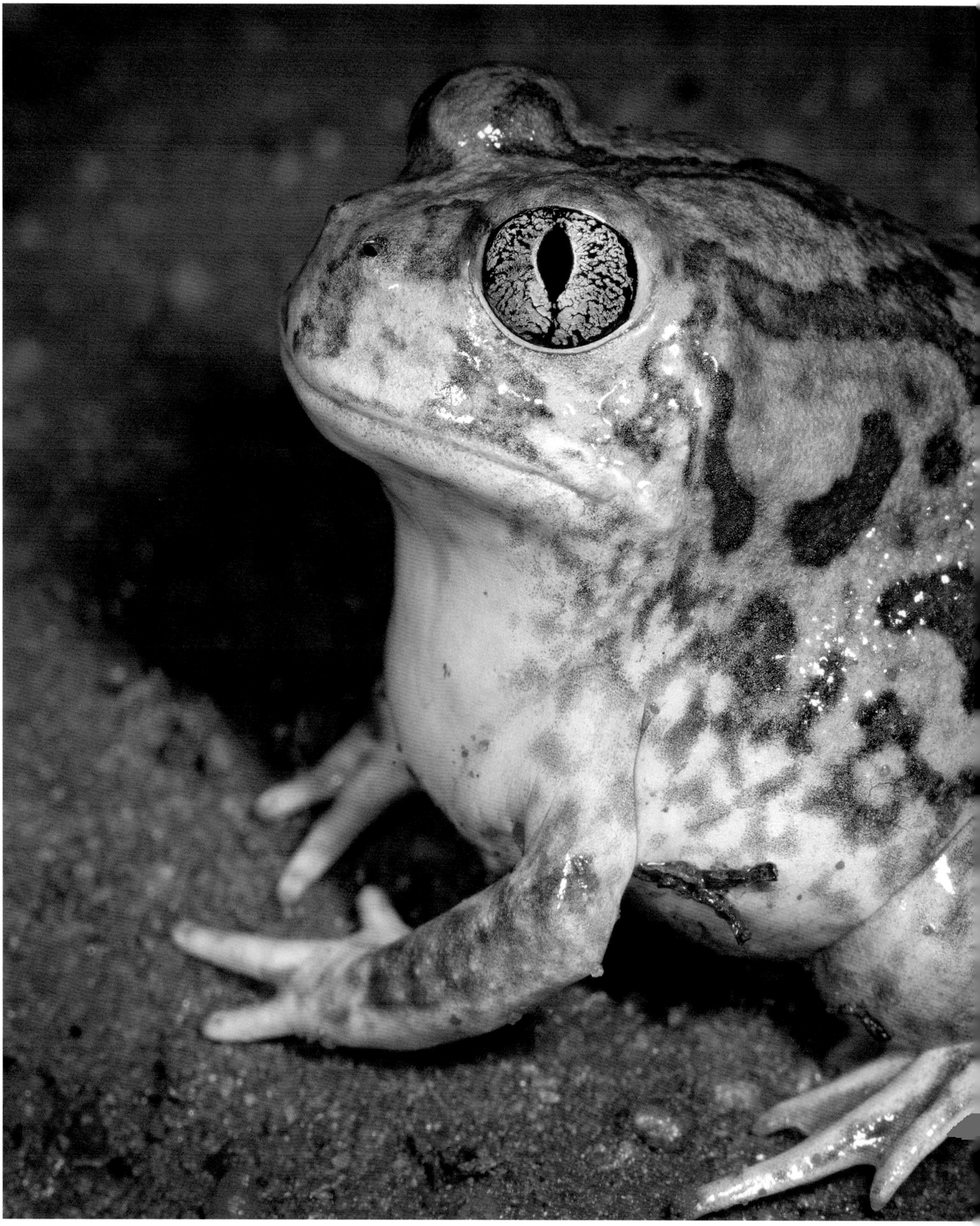

会寻找伴侣。雄蛙的求偶叫声完全不像青蛙，它们并不会叽叽呱呱地大叫。相反，雄蛙会发出一声低沉、悲切的呼声来宣告自己的存在。如果雌蛙对娇小的雄蛙表现出兴趣，雄蛙就会粘在她的背上，随后雌蛙会迈着摇摆的步伐穿过沙子回到自己的洞穴。雄蛙的腿又小又短，只有这样做它才不会被落下。（沙漠雨蛙并不在开阔水域上繁殖。事实上，沙漠雨蛙根本不会游泳，掉到水里就会淹死。）雄蛙会紧紧抱住雌蛙，和她一起钻到沙子下产卵，这样它们就可以远离沙漠烈日的炙烤。雌蛙会一直守着蛙卵，直到它们变成青蛙，而这个过程并不需要经过蝌蚪阶段。

有些沙漠蛙堪称顶级的地下生存者。在最佳繁殖时机来临前，澳大利亚储水蛙可以在地下夏蛰多年，进入一种类似于冬眠的休眠状态。这种储水蛙确实需要积水才能产卵，但水在沙漠中实在是不可多得，因此它们必须做好长期准备。为了防止水分流失，它们会缩起身体，用好几层皮肤把自己整个包裹起来，只露出鼻孔。顾名思义，储水蛙会把水分储存在体内（尤其是身体组织和膀胱里），这让它们能在地下安然度过长达 5 年。生活在内陆沙漠的澳大利亚土著有时会利用它们这种储水能力——挤压储水蛙就可以喝到一口饮用水。

生活在沙漠中的动物在解决水资源短缺这个问题时各显神通。生活在纳米比亚沿海沙漠的托克托基甲虫会在夜间爬到沙丘顶上去获取所需的水分。它会在沙丘顶上倒立，这样一来，从海岸来袭的晨雾就会凝结在它闪亮的黑色背甲上，然后水滴就会流进它的嘴里。依靠这种办法，这种甲虫一个晚上摄取的水分可以达到体重的 1/3。

而生活在美国沙漠的更格卢鼠甚至从不喝水。它们主要以干种子为食，却几乎能从中获得生存所需的所有水分（这可能相当于试图从石头中榨取血液）。这种啮齿动物还可以通过其他方式保存水分：它们的肾脏循环功能非常高效，只会产生少量浓缩尿液，而凉爽的鼻腔会使肺部的温暖空气在离开身体之前冷凝回到体内，从而减少了通过呼气流失的水分。

对于有些动物来说，喘气可能不失为一种有效的降温方式，但在一个几乎没有任何水分的地方，这绝对不是什么好方法，这也是为什么骆驼这种沙漠中最具代表性的动物从不剧烈喘气的原因。而且骆驼还有另一个非常好用的"工具"，那就是它的驼峰。与人们原本的看法相反，骆驼的驼峰并不能存水。事实上，驼峰里储存着大量脂肪，为骆驼在沙漠中长途跋涉提供必要的能量保证。这是戈壁的野生双峰驼在野外的生存策略，它们是最后的真正的野生骆驼，也是地球上稀有的大型哺乳动物之一，现在仅存不到 1 000 只。

最后的野骆驼

戈壁沙漠是世界第五大沙漠，总面积高达约 130 万平方千米。戈壁沙漠位于亚洲的中心地带，覆盖了蒙古南部和中国北部。这里之所以变成一片沙漠，其实也归因于喜马拉雅山脉的雨影效应，这条宏伟山脉将季风阻拦在这片岩石丛生的广袤沙漠之外。

人们认为戈壁沙漠是一片寒冷的沙漠，这的确实至名归。在隆冬，戈壁沙漠的温度可以降至 −40℃，还伴有寒风。但寒冷并不是全部，因为在仲夏，这里的温度可以飙升到 45℃。只有少数物种能够全年都在这种极端的环境下生存，而野生双峰驼就是其中之一。它们必然能跻身地球上最顽强的动物之一。

野生双峰驼是家养双峰驼的远亲。家养双峰驼体重更大，数量超过 200 万。生活在农村的蒙古人仍将其用作驮畜（最近的 DNA 取样显示，这两种双峰驼早在约 70 万年前就分支了）。野生双峰驼曾经遍布中亚大地，现在却仅存于戈壁沙

第 108 ～ 109 页图　蒙古戈壁沙漠的野生双峰驼。它们是地球上最顽强的动物之一，能在 −40 ～ 45℃ 的温度中生存

漠，而且它们充分适应了这片沙漠的恶劣气候。野生双峰驼的体温的变化幅度可达 6℃ 左右，这种变化对于大多数其他哺乳动物都是致命的（相比之下，人类只能接受 2~3℃ 的体温变化）。此外，它们还能承受大量的水分流失（最高可达体重的 40%）。不过，如果有机会，野生双峰驼可以一口气喝下上百升水。这也许还不是最令人印象深刻的。最神奇的是，它们能嗅出几十千米外的水源。在这样一个几乎没有水的地方，这项技能着实非常实用。

在夏天，野生双驼峰不能离开水源太远，但在冬天，它们可以长途远行。野生双驼峰的行程确实会横跨数千千米。在这段时间里，它们仍然需要喝水。不过，夏天的水洼已经被冻了起来，因此，它们必须依靠另一个水源——西伯利亚带来的降雪。雪会落在何处是一件无法预测的事情，而且积雪可能不会留存很久。积雪不会融化（天气太冷雪无法融化），而是发生了升华。在干燥的空气中，雪不经过液相直接蒸发。因此，为了在冬天获得所需的水分，骆驼必须找到雪，并吃下去。

2003 年，在拍摄系列纪录片《地球脉动》期间，我在戈壁沙漠拍到了一个镜

头来记录野生双峰驼的这种行为。在几百张照片中，这一张仍然是我最喜欢的 3 张照片之一。我们知道拍摄野生双峰驼不会是一件容易的事：不仅因为这个地方面积广阔且野生双峰驼数量稀少，还因为它们对人类非常警惕。这种野生动物有着高度敏锐的感官，它们在 4 千米外就能察觉到并避开人类。不过在忧心拍摄之前，我们必须先到达戈壁。这本身就是一个挑战。

蒙古首都乌兰巴托年平均气温在 0℃上下，这就意味着那里的夏季酷热难耐，冬天寒冷刺骨。我们在乌兰巴托的国际机场初次尝到了这种滋味，干冷的天气让我们呼出的水汽冻结在了鼻孔里。我们都紧张地笑了，因为一周后，我们就要在这种环境中露营了。

离开乌兰巴托后，我们花了 4 天时间驱车来到戈壁沙漠。好客的牧民们把我们当作客人招待，于是我们一路上就睡在舒适的蒙古包里。我们沿途经过了几个小镇，期间停下来加油、补给物资或去公共洗手间。这些洗手间大多都是简陋的茅坑。好了，让我们把茅坑抛之脑后。穿过没有道路的沙漠——此时，大自然呈现出了最完美的一面：风景壮丽，杳无人烟。

大甲戈壁国家公园不仅是地球上最大的陆地保护区之一，而且人迹罕至。尽管我们进入的是一片面积与荷兰国土面积相当的区域，但除了我们之外，这里却荒无人烟。面对这种景象，我产生了一种近乎眩晕的兴奋。这种感觉一直持续到了日落。

在舒适的骆驼皮蒙古包里住了几晚后，露营的第一晚就让我大吃一惊。夜间虽然没有下雪，但气温已经降到了 −25℃。尽管我里里外外穿了好几层衣服，看上去十分滑稽，却还是无法保暖。不得不承认，虽然白天的沙漠十分美好，但夜

右页图　野生双峰驼和它的幼崽。戈壁沙漠是地球上最后近千只野生双峰驼的家园

下图　野生双峰驼是长途跋涉的专家，能嗅出几十千米外的水源

晚的沙漠对我们来说，却是一种煎熬。

我们很早就看到了野生双峰驼，这让我觉得拍摄它们好像也没有那么困难。但接近它们又是另一回事。从我的双筒望远镜中看去，野生双峰驼只是一些小点。只要我们尝试靠近，它们就会马上跑开。有一天早上醒来，我们发现从西伯利亚吹来的冷风为戈壁沙漠中独特的黑色砾石平原和起伏的山丘带来了几厘米厚的降雪。一夜之间，戈壁沙漠如同北极荒原。这种转变简直鬼斧神工。有了这些雪，我们追踪骆驼的工作变得容易了一些。

为了再次探究我们之前在远处发现的野生双峰驼群的活动，我们把车停在一座大山脚下，然后爬到了半山腰。我们看到野生双峰驼在前方排成一行，缓缓地走在白雪皑皑的平原上，背后就是雪山。这个画面简直是一种超现实主义景象。不幸的是，我们在 2 个月中只有 6 次拍摄机会，而这就是其中一次。

距离《地球脉动》的拍摄已经过去了 16 年，现在似乎是一个好时机去重新拜访戈壁滩上非凡的野生双峰驼了。野生双峰驼是适应沙漠环境的典型物种，而像无人机这样的新技术可以让原来的镜头焕然一新。当我们开始研究这个主题时，却得到了令人失望的消息：尽管 16 年过去了，但是野生双峰驼的数量不但没有任何增长，反而还持续下降。据估算，野生双峰驼每年大约减少 30 只。庆幸的是，情况开始发生好转。当地科学家团队对它们进行了监测，保护水平也有所提高，数量下降的趋势已经得到逆转，野生双峰驼的数量似乎正在逐步上升。

然而，这些野生双峰驼在广袤的沙漠中宛如沧海一粟，如何找到它们显然是野生动物摄制组面临的一大难题。和 16 年前相比，其他情况也没有改变。团队从乌兰巴托到达戈壁沙漠仍需约 5 天的时间。不过，制片人埃德·查尔斯带领的完美星球团队在整个拍摄过程中都驾驶着大型露营车，因此不需要劳烦热情好客的当地牧民提供住宿。在下山的路上，摄制组也在我当年路过的那几座城镇稍作停留，听到他们说茅坑仍然是那里的一个特色。

起初 5 天，埃德和他的团队一无所获。接下来的 10 天里，每天只有匆匆一瞥，然后又是毫无收获的 5 天。很多时候，他们刚看到野生双峰驼，这些警惕的动物就开始逃离。野生双峰驼仍被猎杀的阴影所笼罩，所以对人类依然非常警惕。地形在某个地方变得十分崎岖，工作人员不得不放弃露营卡车（这种卡车非常舒适但不太灵活），转而使用帐篷（在 -25℃ 的环境中，只有帐篷布能为他们抵御恶劣的天气）。拍摄进行到一半时，埃德忍不住开始怀疑是否真的无法拍出他们想要的画面。但是，老话说得好，坚持就是胜利！

红色幕布

亚洲的气候季风较为知名。季风是具有季节性的风，总是从寒冷地区吹向温暖地区。季风每年都在同一时间出现，因此塑造了其所到之处的气候。

4月，随着印度次大陆升温，冷空气开始从海上吹来，这是印度季风开始的标志。季风于6月初在印度南部登陆，然后穿过次大陆。在4个多月的时间里，给约15亿人和无数动物带来了赖以生存的充沛降雨。在季风高峰期，印度次大陆的降雨多达1 700万吨。在有些地方，这些季节性降雨占全年降雨的90%以上。

澳大利亚季风几乎可以与印度季风媲美。除了会带来降雨之外，它对澳大利亚以西1500千米外的一个小岛也具有重要意义。圣诞岛（之所以叫圣诞岛，是因为它在1643年的圣诞节被正式发现）占地135平方千米，岛上有2 000多名居民。这个数字与世界闻名的另一种岛上居民——圣诞岛红蟹（以下简称红蟹）相比，就显得微不足道了。据估，岛上约有5 000万只红蟹（与20世纪八九十年代统计的1.2亿只相比，数量大幅下降）。它们的繁衍生息完全仰赖于约从12月开始的

下图 在情况较好的年份，无数小红蟹会回到圣诞岛的海岸，它们数量众多，把海滩都"染"成了红色

上图　红蟹生活在陆地上，它们不会游泳，但为了繁殖，它们必须回到海里。每只雌蟹会向海洋中播撒大约 10 万只卵

大降雨。

　　红蟹一年中的大部分时间都躲在洞穴或石缝中，过着孤独的生活。等到湿度足够高了，它们就会出来觅食。落叶、水果、花朵和植物幼苗都是它们的主要食物，这些食物被消化后又会被红蟹排泄到林地上，成为肥料。如果空气太干燥，红蟹就会退回到它们的洞穴中，堵住洞口以保持洞内的湿度。它们通过鳃呼吸，必须使鳃保持湿润。

　　对于陆地蟹来说，这一切都很正常。圣诞岛上的红蟹之所以如此引人注目，是因为它们每年都会大规模迁往海岸繁殖。许多人（尤其是大卫·阿滕伯勒爵士）认为，这是地球上极其壮观的动物迁徙之一。当季风在 11 月袭上这座小岛时，岛上的相对湿度已经足以让红蟹开始它们史诗般的海上跋涉，数以百万计的红蟹一同开启了可能长达 10 千米的漫长旅程。红蟹在海里产卵的最佳时间就是下弦月的退潮时段，因此它们必须在这个特定的月相期进行迁徙。迁徙的速度取决于这个月历。如果时间充裕，它们可能会在路上停下来补充能量和水分。如果时间不足，它们就会加大马力赶往海岸，令人惊讶的是，它们很少走弯路。人们曾追踪到携带无线电发射机的红蟹沿直线走了足足 4 千米，即使在非常崎岖起伏的地形上也是如此。

它们的目的地不只是最近的海岸线。研究还表明，红蟹似乎钟爱在特定的地点产卵。没有人知道确切的原因，但这可能是因为那里是幼蟹们（或者科学上称为大眼幼体）上岸的地方。偶尔，它们会被体型更大的椰子蟹袭击。椰子蟹的螯非常有力，红蟹完全不是它们的对手。如果在它们长途跋涉的过程中天气变得太干燥，红蟹就会静待在阴凉处，以免脱水。

首先到达海岸的是雄蟹，它们会到海边打湿自己，让鳃湿润起来，并补充水分，然后回到海崖边挖一个洞，等待雌蟹的到来。它们就在这些洞穴里交配。之后，雌蟹会在洞中待上约 2 周准备产卵。

当合适的潮水来临时，大量雌蟹同时从它们的临时洞穴中爬出来，大卫·阿滕伯勒爵士将其描述为"一个巨大的红色幕布从悬崖和岩石向大海移动"。它们不会游泳，所以靠近海水时小心翼翼，这是可以理解的，但恐惧很快就被一种愉

上图　每年都有数百万只红蟹迁徙到海岸繁殖。数百只雌蟹会爬下悬崖到海中产卵

　　快的释放所取代，每只雌蟹都会向潮水挥洒10万个卵子。有些雌蟹钻进沙子里产卵，有些则抓住岩石和海堤。但无论它们选择哪个地点，产卵的"舞蹈"都是一样的：前爪高高举起，身体滑稽而有节奏地抖动。那些没有抓牢的红蟹可能会被冲走淹死，大多数则会在排卵后回到洞穴。

　　这些蟹卵一进入海中就会孵化成幼体，它们可以随意游动，然后漂向近海，不过这里早有蝠鲼和鲸鲨等滤食性动物守株待兔，许多幼蟹都会因此葬身。然而，这并不会对红蟹的数量构成什么威胁。大量红蟹同时在这里产卵，孵化的幼蟹数不胜数，即使是这些大型滤食性动物也不可能把它们全部吃尽。在海上漂泊了4个星期后，这些幼蟹就会返回陆地生活。没有人知道为什么，但每隔10年就有一大批幼蟹回到岸上，把长长的海岸染成一片红色。然后，这些成群结队的小红蟹就会慢慢地向内陆进发。

天
气

道路封锁，红蟹横行

对于本次拍摄的现场指导艾米·汤普森来说，在圣诞岛上欢度圣诞节非常有吸引力。毕竟，很少有人能有机会把这个想法列入他们的愿望清单。然而，这个愿望最后未能实现，至少没有完全实现。红蟹迁徙意味着艾米和她的摄制团队（团队成员包括索菲·达林顿、瑞安·沃特金森和布雷登·莫洛尼）实际上在平安夜就已经飞离了小岛。不过，尽管他们没能实现在这个终极度假胜地欢度圣诞节的愿望，但他们几乎完成了拍摄清单上的所有任务，这简直和在圣诞岛上过圣诞节一样不可思议。

当红蟹开始迁徙时，它们就成了岛上的主要话题。当地人热衷于谈论红蟹，就像我们英国人热衷于谈论天气一样。这是圣诞岛居民引以为豪的年度活动。不幸的是，尽管他们尽全力提供保护，每年仍有数十万只红蟹死在迁徙的路上。

据估计，在 20 世纪 80 年代，每年有多达 100 万只红蟹死在迁徙的路上。为了解决这一问题，人们修建了围栏、桥梁和道路交叉道口，并在迁徙高峰时段关闭道路，这大大减少了红蟹的死亡数量——尽管目前仍有数十万只红蟹会死在路上。更大的威胁来自所谓的黄疯蚁（细足捷蚁），它们的存在导致大量红蟹死亡。黄疯蚁是一种入侵物种，对该岛的生态造成了严重破坏。1 公顷森林中可能就有多达 2 000 万只黄疯蚁，这种小蚂蚁可以用甲酸杀死红蟹，然后蜂拥而上将其蚕食殆尽。据估计，自从意外被引入以来，这些蚂蚁已经杀死了 1500 万只红蟹，超过了红蟹总数的 1/4。科学家们开始采取措施，希望通过生物控制策略来控制这种蚂蚁。

虽然全岛封路有利于红蟹迁徙，但带着大量设备的摄制组就不得不想方设法克服这一挑战了。不过，由于红蟹只在一天中的特定时段内活动（在清晨和傍晚，那时天气凉爽，适合迁徙），所以在其他时间里，道路是通行无阻的。道路在下午 3 点关闭，摄制人员需要在这之前带着所有装备赶到拍摄地点。红蟹的两个产卵高峰期分别是傍晚到日落、凌晨 2 点到 4 点，因此及时封路尤其重要。在道路被封闭的时间里，摄制人员必须睡在车内。起初，他们以为最多就是住一两晚，结果一住就是 5 天。

他们决定，艾米和索菲睡在前座，瑞安和布雷登睡在后座。第一晚，为了温度能更舒适一些，他们决定开着车门睡觉。几个人伴随着成千上万只红蟹轻轻踏过落叶的窸窣声缓缓入眠（据艾米说，这种声音就像淅淅沥沥的雨声）。但是，到了半夜，索菲被一只爬进驾驶座的椰子蟹弄醒了。椰子蟹的螯非常强壮，甚至

上图 圣诞岛上的一条道路暂停通行，因为这是红蟹每年往返于森林和海洋之间的迁徙路线

左页图 摄影师瑞安·沃特金森正在拍摄奔波的红蟹。圣诞岛每年的红蟹迁徙是地球上伟大的自然历史奇观之一，数以千万计的红蟹会前往海岸

能够切断手指。所以，第二天晚上，本着安全第一的原则，他们关上了车门。

　　红蟹无处不在，和它们"亲密互动"是不可避免的。在产卵期，红蟹会紧紧抓住三脚架、灯架和摄制人员的腿，以便在浪花中产卵。但考虑到这种蟹不会游泳，它们这样做可能也是为了保住性命，因为一个大浪就会让它们葬身海底（在拍摄过程中，一个意想不到的大浪把我们一台摄像机给毁了）。摄制组与红蟹的亲密接触不仅仅是在产卵过程中。如果你坐在落叶上，红蟹就会爬到你身上；如果你把包放在地上，红蟹就会爬进去。拍摄结束后，摄制人员在登上回家的飞机之前，对所有箱子进行了非常仔细地搜查，以免不小心带上了什么"偷渡者"。我们的摄制组偶尔会发现一些不请自来的生物，尤其是体型很小的。如果有人在平安夜打开箱子，结果一只红蟹从里面爬出来，那肯定是一个出乎意料的秘密圣诞礼物……

洋红蜂虎的"塔楼"

　　1万多年里（一个被称为全新世的地质时代），生命已经适应了可以预测的天气周期（或者说气候）。举例来说，旱季和雨季对非洲的大部分地区——尤其是南部和东部地区，有着显著影响。这种影响在维多利亚瀑布所在区域表现得淋漓尽致。维多利亚瀑布位于赞比亚和津巴布韦的交界处，是世界上最大的瀑布之一。壮阔的赞比西河在这里迎来了100多米的落差。在12月，也就是雨季高峰期，每秒有5 000吨水在维多利亚瀑布倾泻而下。水雾可以升腾到400米的高度，站在48.3千米外的地方都可以看到。空气中的雾气太大，常常遮住瀑布，这让瀑布的非洲名字"莫西奥图尼亚"（意为雷鸣般的烟雾）显得恰如其分。然而5个月后，奔腾的瀑布变成了涓涓细流，好像有人关掉了水龙头一样。但是，这种巨大的变化完全是自然形成的。这是本地区稳定的干湿循环的一部分，生活在这里的所有生命都已经适应。因此，无论旱季还是雨季，都有几家欢喜几家愁。

　　随着旱季来临，赞比西河的主要支流卢安瓜河逐渐缩小变成水潭。曾经没在水下的河岸暴露出来，此时洋红蜂虎闻风而来。它们从刚果丛林飞到这里，在这些

上图　赞比亚的旱季，一个非洲象家族穿过卢安瓜河

右页图　赞比亚的赞比西河。12月迎来雨季高峰期，约有5 000吨河水经由维多利亚瀑布倾泻而下。到了5月的旱季，河水就变成了涓涓细流

左页图·上　赞比亚南卢安瓜国家公园，一群洋红蜂虎从河流陡岸上飞下来。这是世界上最大的洋红蜂虎群

左页图·下　在旱季，洋红蜂虎会在卢安瓜河露出来的沙洲上筑巢。洋红蜂虎吸引了非洲海雕。非洲海雕的策略是快速出击，把它们的猎物钉在河岸上

第 128～129 页图　一群瓦氏赤羚来到洋红蜂虎筑巢的河岸边

下图　一对洋红蜂虎从它们为养育雏鸟而挖的洞里向外张望

沙洲上繁殖。河岸是它们打造巢穴的绝佳地点。任何捕食者都无法从河岸上方接近，而且因为太陡，任何东西都无法从河岸下爬上去。即使可以，潜在的袭击者也必须穿过河岸底部的浅水，那里有大型鳄鱼巡逻。旱季也是这些大型爬行动物捕食的大好时机。鳄鱼深知动物们会被吸引到这条不断萎缩的河流边饮水，所以它们潜伏在浅水中，一旦准备好，就会发动致命一击。奎利亚雀是一种麻雀大小的鸟儿，它们会在一年中的这个时期大量聚集于此，解决饮水问题。这种小鸟也是鳄鱼的目标之一。鳄鱼也乐意蹲守飞过来喝水的洋红蜂虎，还期待它们会因为与筑巢的邻居打架而不小心掉进河里。

　　洋红蜂虎的洞穴可以向下延伸 2 米筑在松软的河沙中，受欢迎的河岸段有多达 6 000 个巢穴，洞之间的距离几乎没有洋红蜂虎的翼展宽。不幸的是，它们一年一度的聚集吸引了其他敏捷的食肉动物——非洲海雕。这些猛禽不仅喜食鱼，也相当偏爱洋红蜂虎。每年的这个时候，非洲海雕的偏爱尤为"明显"，因为它自己也有幼崽要哺育。一只非洲海雕沿着河岸飞过，这给整个鸟群带来了恐慌。当非洲海雕捕猎时，聪明的洋红蜂虎应该撤退到它们的洞穴里。然而，这种五颜六色的鸟大多数都只会乱跑。非洲海雕会瞄准那些来不及逃走的鸟，把它们按在河岸上。

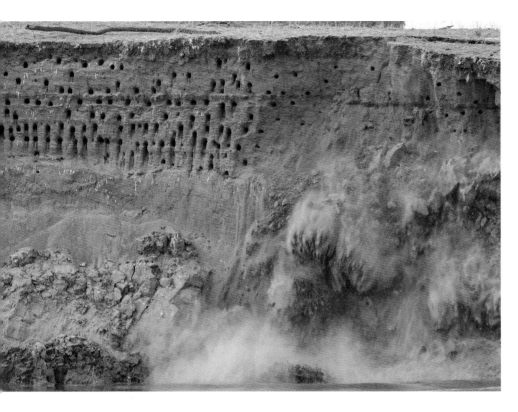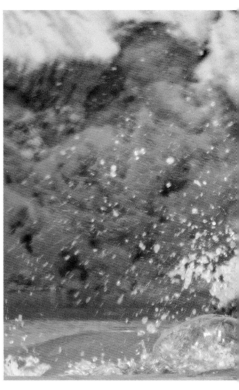

跃起的鳄鱼和崩塌的河岸

捕猎行为通常是拍摄中最难捕捉的行为，尤其是捕食者可能会毫无征兆地发起突袭，并且速战速决。有时候，唯一的策略就是找一个好位置，坚守阵地，持续观察。

为了拍摄鳄鱼捕猎，摄影师汤姆·罗兰每天都坐在一条小船上，藏在鳄鱼聚居区前面一条河的河边拍摄。为了尽量减少对洋红蜂虎的干扰，他的当地助手在日出前用独木舟把他送到隐蔽点。在5分钟的独木舟之旅中，汤姆的头灯总能捕捉到水中河马和鳄鱼的炯炯眼神。白天独自坐在藏身处时，汤姆让自己尽量不去多想——特别是当一只河马或一条鳄鱼出现在他几米之外时。

进入隐蔽点的第1天，汤姆就看到一条鳄鱼跃起来捕捉洋红蜂虎，这让他觉得这种行为很容易拍摄。不过，现实情况很快就证明了汤姆的想法是错的。接下来的第2天、第3天什么都没有发生。事实上，接下来的2周都风平浪静。鳄鱼偶尔会在周围游走，但毫无跳起来捕食的兴趣（至少在汤姆白天观察时是这样的）。

幸运的是，他还可以拍摄筑巢的洋红蜂虎。所以当这些鳄鱼在沙滩上晒太阳，

上图·左 卢安瓜河河岸的一段坍塌了，数百个洋红蜂虎的巢穴随之倾覆

上图·中和右 尼罗河鳄鱼试图捕捉飞过卢安瓜河的洋红蜂虎

对捕猎毫无兴趣时，汤姆就把注意力集中在鸟群上。有一次，他听到了水声，以为是河马入水的响动。他躲在隐蔽处张望，四处寻找声音的来源。之后，他发现这个声音出现的原因，是一部分河岸坍塌掉进了河里。他又观察了一会儿，但什么也没发生。

几天后，幸运之神降临了。汤姆在观察筑巢的鸟群时，看到一小块河岸掉进了河里。这引起了他的兴趣，于是他把镜头对准了大部分鸟群，并将摄像机设置为预拍模式（这是一种可以连拍几秒钟的功能，这样就不会错过一些意外惊喜；同时，也不会拍很多空镜头）。5分钟后，一大块洋红蜂虎筑巢的河岸坍塌到河中，数百个巢也随之倾覆。倒塌一开始，汤姆就点了录制，从头到尾记录了整个过程。这是一个非常有戏剧性的镜头，而且这次坍塌比他的任何一个当地助理所见过的都要严重。汤姆觉得这也许可以弥补没有拍到鳄鱼跳跃的遗憾，因为拍摄很快就要结束了。但是，坚持总会有意义。就像汤姆所说："在最后1天的最后1个小时里，摄像机只剩最后1块电池了，最后一丝暮光即将消失，我已经仔细观察了3小时，看到鳄鱼为了捕捉洋红蜂虎跳起了5次。"鳄鱼没能抓到猎物，但奋力跳跃的动作仍然令人兴奋。就野生动物拍摄而言，有时拍到几分钟的精彩内容就足够了。

天气

狂野的气候

我们大多数人都意识到地球的气候越来越糟糕，这主要与极端气候事件的频繁发生有关。不过，并不是每次气候事件都会造成非常严重的后果。全新世（从 1.1 万年前至今的地质时代）的天气模式或者说气候稳定可靠，这让人类有机会通过预测天气来制订计划（例如，在特定月份播种和收获作物），这也是人类社会和文化能够在相对较短的时间内发展得如此迅速的主要原因（相比之下，人类在全新世前的 15 万年中几乎没有发展自己的文化）。尽管如此，地球仍然一直遭受极端天气的影响，如飓风、龙卷风、雷暴、沙尘暴、洪水和干旱。

右页图 明尼苏达州坎贝尔附近，美国 4 级龙卷风，漏斗云下部被阳光照亮

不同地区的热带风暴有不同的名称：大西洋和北太平洋东部的风暴称为飓风，印度洋的称为旋风，西太平洋的称为台风。形成飓风的因素包括来自热带水域的暖湿空气、低空风，以及能产生旋转的气流的纬度（赤道上的科里奥利力为 0，不会产生旋转的气流）。旋转的方向在南北半球完全相反：北半球为逆时针方向，南半球为顺时针方向。在旋转的作用下，风暴眼形成了。风暴眼是一个基本无风的区域，直径在 30 千米 ~ 65 千米。在飓风中，风暴眼的眼墙上对流最强烈，风速最高。5 级飓风（最高级别）的风速可超过每小时 250 千米，释放的能量相当于 1 万枚核弹。这些超级风暴可以摧毁房屋，使整个地区在数周或数月内无法居住。2012 年的飓风"桑迪"是有记录以来吹袭美国的最大的飓风，它袭击纽约和新泽西时直径达 1 500 千米。

飓风诞生于海洋，而龙卷风可以形成于陆地和海洋。龙卷风时常是超级单体的一部分（出现超级单体时可能没有龙卷风，但出现龙卷风一定有超级单体）。飓风和龙卷风都有猛烈的旋转气柱，但两者之间存在关键区别：龙卷风比飓风小得多。大多数龙卷风的直径在 20 米 ~ 100 米，尽管有些可以超过 3 千米。此外，龙卷风通常只持续几分钟，平均传播距离只有 1 千米 ~ 2 千米。美国是世界上龙卷风最多的国家，每年大约有 1 000 次，大多数发生在大平原地区（俗称龙卷风走廊）。1925 年的"三州龙卷风"是美国有记录以来最致命的龙卷风，它行进的路程超过 350 千米，是有记录以来行进路线最长的龙卷风，造成 695 人死亡。有记录以来，龙卷风的最快风速是 1999 年 5 月测得的每小时 484 千米。

据估计，全球各地随时都有约 2 000 场雷雨同时倾泻而下，每年多达 1 600 万场。世界上雷雨最多的地方是印度尼西亚的爪哇，那里平均每年有 220 天会发生暴风雨。伴随着雷雨而来的是闪电，闪电的速度可达每小时 21.8 万千米，温度

高达 30 000℃，超过太阳表面温度。委内瑞拉的马拉开波湖是世界闪电之都，每年有 300 个夜晚都在电闪雷鸣。

然后是沙尘暴和暴风雪，洪水和干旱。地球上的沙尘暴每年产生多达 2 亿吨的沙尘，规模最大的沙尘暴可以跨越海洋数千千米。一场暴风雪可以降下多达 4 000 万吨的雪（美国南达科他州降下了最大的冰雹：它直径为 20 厘米，重量将近 1 千克）。另一方面，有记录以来持续时间最长的干旱发生在智利的阿塔卡马沙漠，那里有 400 年（1571—1971 年）没有下雨。降雨量不足也被视为导致埃及帝国灭亡的原因之一。降雨过多则会导致更大的问题。人类历史上最致命的洪水发生在 1931 年的中国，死亡人数约 400 万。

尽管这些天气事件具有毁灭性，但它们也是自然系统的一部分。飓风将温暖的热带空气从赤道重新分配到两极，有助于维持全球热量的平衡。飓风还是重要的降雨来源，可以灌溉土地并为地下蓄水层提供补给。沙尘富含氮和磷酸盐等营养物质和矿物质，风沙将它们带到世界各地。事实上，亚马孙流域的土地如此肥沃部分要归功于每年从撒哈拉沙漠吹过大西洋的多达 22 000 吨的沙尘。闪电将氮固定在植物赖以生长的硝酸盐中。雷击也是产生臭氧的关键因素，臭氧能保护我们免受太阳有害射线的伤害。

右图　美国南达科他州恶土国家公园，轰鸣的闪电照亮了壮观的岩层

第 136~137 页图　美国南达科他州利特尔埃格尔附近的立岩印第安保留地，一个超级单体的下风处有一团不祥的乳状云

预测天气

通过预测天气合理安排活动并不是人类的专利。对于动物们来说，能否预测即将来临的大风暴是一件生死攸关的事，但它们懂得如何预测天气吗？大量的民间传说和奇闻轶事都给出了肯定的答案。例如，一些美洲原住民认为，如果附近即将下大雪，野兔爪子上的绒毛会变得更加蓬松，而黑熊则会根据冬天的寒冷程度来决定在洞穴的哪个地方睡觉。还有一个"无稽之谈"：奶牛会在下雨前卧下来。其中一些故事得到了科学支持。

人们认为动物并不具有预测天气的第六感，但有大量证据表明它们能够更加充分地利用已有的 5 种感官。最关键的也许是听力。有些动物能听到人类无法探

上图　肯尼亚马赛马拉国家保护区，一群非洲草原象正朝一场风暴的方向走去

测到的声谱之外的声音，比如低于 20 赫兹的次声波。科学家们认为，动物似乎能够通过听辨次声波来察觉天气变化。例如，人们认为大象能够听到雷暴产生的次声波，这对于搜寻临时存在的淡水资源非常有用，这种技能对于沙漠中的大象尤其重要。鲨鱼似乎也能感知逐渐逼近的暴风雨或飓风。针对标记鲨鱼的研究发现，它们在风暴来临前会做出回避行为。比如幼鲨会在恶劣天气来临前的几小时里离开浅水活动区，暂时逃到更深的水域。这种能力可能来自沿着鲨鱼侧线分布的感觉器官系统。该系统主要用于探测猎物的活动，或许也能感知气压的变化。

　　候鸟似乎也能在风暴来临前改变路线。而且，似乎有科学证据证明，奶牛确实会在下雨前卧下。在炎热的天气里，站着可以让更多皮肤接触空气并散热，相反，躺下来可以在春寒期保存热量。由于下雨前会降温，所以奶牛卧下就意味着即将下雨。不仅仅是动物，一些植物和真菌也可以预测天气是湿润还是干燥。例如，

天气

蒲公英和三叶草会在下雨前收起花瓣，一些蘑菇会在下雨前变大。

　　随着重大破坏性天气事件越来越频繁，准确预测未来的天气状况对人们而言愈加重要。就在不久前，预测未来一两天的天气甚至还要靠运气——除非你住在像西班牙安达卢西亚这样一年有 300 多天被阳光普照的地方。在许多国家，天气预报对于未来是否有雨只给出降水率作为参考。也就是说，就算有人提出质疑，天气预报也永远是对的。然而，如今的 5 天天气预报显然和 40 年前的 1 天天气预报一样准确。相信情况会逐渐好转。

　　英国气象局将投资一台价值数十亿人民币的超级计算机，它利用卫星、气象站和海洋浮标进行观测，每日观测次数增加数十亿次（气象局现在根据每天 2 000 亿个数据点预测天气）。目前，英国气象局的模拟预报是基于每隔 10 千米设置的网格点的数据做出的。新的超级计算机投入使用后，规划每隔 100 米就设置一个网格点，建立一个涵盖风、温度和气压等一切影响天气变化的自变量的精细模型。届时，计划一个周末的田园烧烤或野餐将是一件易如反掌的事。

右页图　黄昏时分，乌翅真鲨聚集在印度洋亚达伯拉环礁附近的浅水区

下图　从淡蓝色地球上方的指挥服务舱可以看到美国宇航局的太空实验室轨道车间

海洋
OCEANS

散落的橡皮鸭

橡皮鸭是最具标志性的浴缸玩具，它们的使用范围从未超出白色浴缸高高的四周。然而，1992 年 1 月，装载着 28 000 只小橡皮鸭的集装箱在从中国香港去往美国的运输途中意外落入大海，这些橡皮鸭因此踏上了一场意外之旅。它们被认定为商业损失，随后便无人问津。这些橡皮鸭逸散开来，漂流在海上。然而，这个故事才刚刚开始，它们之后"遭遇"的故事让我们对海洋强大的洋流有了新的认识。

在浴缸里玩过橡皮鸭的人都知道，它们的浮力很强。一旦集装箱在太平洋的巨浪中四分五裂，这 28 000 只橡皮鸭就会在开阔的海洋上重获自由。如果不是因为橡皮鸭的另一个特性，这个故事可能就结束了：它们几乎坚不可摧，使用寿命很长。在接下来的 15 ~ 20 年，这些鸭子环游了半个世界，它们的征程被科学家和公众记录了下来。据估，自从落入大海以来，它们已经漂浮了超过 27 000 千米。在太平洋西北部、美国夏威夷州、美国阿拉斯加州、南美洲、印度尼西亚和澳大利亚的海岸边，都能看到它们的身影。它们甚至飘过了白令海峡，出现在北极的冰雪中。一些从北极出发的橡皮鸭突然出现在大西洋中，最终到达了英国的海滩。就这样，这些富有冒险精神的沐浴玩具从太平洋中部的一个中枢点出发，陆续造访了七大洲——这就是这个故事的真正意义所在。

这些橡皮鸭不可思议的旅程帮助海洋学家进一步了解了不同的洋流。已知橡皮鸭旅程的起点，科学家们绘制了它们之后 20 年里的行程，据此确定了一些洋流的规模以及它们完成一个循环所需的时间。这些信息帮助我们建立了计算机模型，这些模型可以预测鱼类和浮游生物的分布，或者石油大规模泄漏的大概流向。

研究人员称这些鸭子为"友好漂浮物"，它们还提供了有关海洋环流的重要信息。海洋环流是一种大型的循环洋流：特别是从日本延伸到美国阿拉斯加州的北太平洋环流，据说仍有数千只橡皮鸭在阿拉斯加的海浪中沉浮。多亏了这些鸭子，研究人员发现，环流中的洋流需要大约 3 年的时间才能完成一个完整的循环。这项工作也让人们关注到当今海洋面临的严峻问题——塑料垃圾。大量塑料被卷入了这些洋流中，因此，北太平洋环流也被称为北太平洋垃圾带或垃圾漩涡。

右页图 葡萄牙海岸，一条翻车鲀把漂在水中的塑料袋误认为是平常的猎物——水母，正要把它吃下去

涌动的海洋

橡皮鸭的故事也揭示了一个重要的事实——地球上只有一个海洋，而不是四个。举例来说，如果你把脚趾伸进英国康沃尔海岸边的冰冷海水里，就会立刻加入到这个全球循环系统中。在这片唯一的海洋中，海水在一个巨大的洋流网络中不断流动，"友好漂浮物"的海上之旅已经证明了这一点。

如同河流一样，洋流在地球上四处流动，并受到多种力量的驱动：风、海水密度差和潮汐都会对其产生影响。不同洋流的温度差异很大，有些冰冷刺骨，有些温暖宜人；有的洋流流动距离很短，有的却长达数万千米；有些洋流很窄，有些则宽达数百甚至上千千米。许多洋流的强度在一年中都会有所变化。洋流对于海洋乃至整个地球的健康都起到了至关重要的作用，它们影响着海洋中营养物质的分配以及世界气候的稳定。以墨西哥湾暖流为例，这股温暖的洋流在信风的驱动下，从墨西哥湾出发流向美国东海岸，随后穿过大西洋到达北欧。墨西哥湾暖流是世界上最强大的洋流系统之一，输送的水量相当于陆地河流总量的 30 倍。它将亚热带的温暖海水输送到了北欧。如果没有这股暖流，不列颠群岛冬季的温度

下图 从国际空间站向地球望去，加拿大圣劳伦斯湾海面上的漩涡闪烁着阳光

上图　全球传送带从两极开始，促进了全球水循环。每一滴海水都会流经这条洋流，完成一个循环需要 1 000 年时间

会更接近与英国纬度大致相同的加拿大东北部，要比现在冷得多。

作用最大的是那些在海面表层流动和在深海流动的洋流。表层流很大程度上是被风推动的，而风向主要取决于地球自转或者说科里奥利效应。在地转偏向力的作用下，风和洋流会发生偏转：在北半球，风和洋流会向右偏转，在南半球则会向左偏转。另一方面，深海洋流受海水密度差的驱动，主要发端于两极海域。

地球上最重要的水运动是一条被称为"全球传送带"的深海洋流——科学家们称之为"温盐环流"（温即温度，盐即盐度）。这条传送带发起于冰天雪地的两极地区，冰冷、高盐度的极地海水会向深海下沉。这是因为海冰冻结时析出了大部分盐分，增加了周围海水的盐度和密度。当密度较低的海水涌入，取代更咸更重的海水时，一条在全球海洋中循环的洋流就形成了。这条携带着大量海水的洋流在深海和浅海之间流动。它输送的水流量是亚马孙河的 100 多倍。据说地球上的每一滴海水都会经过这条传送带，不过流速非常缓慢。科学家们估计，流速为每秒几厘米的洋流完成一个完整的循环需要长达 1 000 年的时间。在这个旅程中，这条洋流会运输热量、营养物质以及二氧化碳等溶解气体，是地球上当之无愧的生命维持系统之一。

海
洋

漂流者

左页图　一只刚孵化的绿海龟离开了凯兰岛的巢址，前往阿拉伯湾的深水区

下图　科研人员在法国赛特港对鱼群展开科研期间，一群欧洲鳗鱼向下游游去

　　任何曾在远洋上航行，或者不幸遭遇船只失事而任由海风和洋流摆布的人都知道，这片海洋的大部分区域都是一望无际的"蓝色荒漠"。你可能在远洋上航行数百千米都看不到任何生物。生命的维持依赖于营养物质，而是否存在营养物质很大程度上取决于是否存在洋流。简单来说，有洋流的地方就有生命。

　　许多小型海洋生物终其一生或者大部分时间都在洋流中漂流。在皮克斯的动画电影《海底总动员》中，一条珊瑚礁小丑鱼遇到了东澳大利亚洋流，并和一群海龟一起在蜿蜒的洋流中展开冒险。不出所料，这个场景充分发挥了好莱坞的创造力，不过它的基本内容并没有偏离事实。东澳大利亚洋流可能不是电影中那样的狭窄急流，但它确实是南太平洋强大的洋流之一，流速高达每小时7千米。这条洋流宽约100千米，每秒钟可以输送4 000万立方米海水。这种洋流确实携带了很多海洋生物。

　　海龟就是一个典型。刚孵化的小海龟会离开海岸向海中游去。一两天后，在它们生命的第一阶段，小海龟通常会进入面前任意一条洋流，随之漂流。欧洲鳗鱼也是如此，不过它们的旅程背负了更多使命。这些鳗鱼来自大西洋中部的马尾

左图 硅藻——一种最常见的浮游植物。这些微小的植物是海洋的重要组成部分，它们提供了全球 20% 的氧气

右页图 这种深海片脚甲壳类动物是一种凶猛的捕食者，它以樽海鞘、管水母和水母为食。它甚至可以藏在它们的胶状外壳中，将其充当"保护桶"

藻海（包含百慕大三角区），孵化之后不久，它们就会搭上墨西哥湾暖流的顺风车。鳗鱼幼体将在这股巨大的洋流中漂流数千千米，一路来到英国和欧洲大陆，然后进入上游河流，在那里度过它们成年后的大部分时光。它们非常依赖墨西哥湾暖流和其他表层洋流，这些洋流最轻微的方向和流速变化都可能对鳗鱼的数量产生重大且往往是负面的影响。研究表明，鳗鱼的数量似乎已经没有了正常的峰谷值，正呈稳步下降的趋势。究其原因，人们认为是气候变化对墨西哥湾暖流产生了长远的影响，从而影响了鳗鱼的数量。

海洋中最重要的漂流者其实是浮游生物（这一名称来源于希腊语 planktos，意为"游荡"）。数量最多的是浮游植物，比如硅藻和鞭毛藻。这些微小的海洋藻类漂浮在波光粼粼的海面上，和陆生植物一样，它们含有吸收阳光的叶绿素，通过光合作用将阳光转化为能量。目前已经发现的浮游植物的种类共计超过 4 万种，这些小生物制造的氧气比地球上所有森林产生的氧气加在一起还要多，这让它们成了我们对抗气候变化时的重要伙伴。

鞭毛藻依靠鞭状尾部在水中游动，但是它们的体型太小，只能在海洋中随波逐流。洋流对于浮游植物的重要性还体现在另一个方面。除了阳光，洋流从海底带来的营养物质是浮游植物另一个重要能量来源。在理想环境中，浮游植物能以惊人的数量繁殖，把海洋变成一片绿色。它们死亡时会与无数其他有机物颗粒组成海洋雪，一起沉入海底。这些颗粒可能需要长达 30 年的时间才能到达海洋的最深处，形成肥沃的沉积物海床，这是海洋营养循环的基础。寒冷的上升流会把这些营养物质带回到海面，为大量浮游生物提供养料，然后重启整个循环过程。

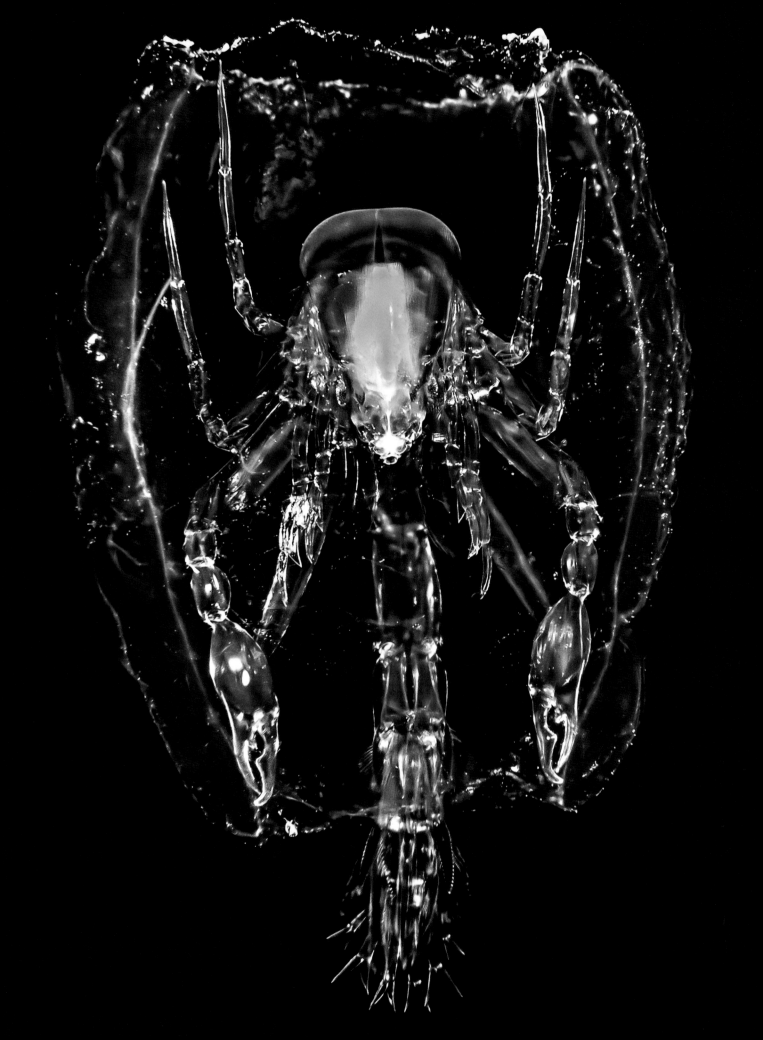

镜头下的浮游世界

为了拍摄浮游植物和浮游动物，我们与法国科学家、摄影师克里斯蒂安·萨尔代和诺埃·萨尔代合作，他们花了数年时间在维尔弗朗切海洋实验室研究这些微观生命。拍摄浮游生物的最大难题在于它们大多无法直接通过肉眼进行观察。所以，我们需要一些非常专业的设备，比如显微镜，放大后就会打开一个全新的世界。

这些微型生物的形状千变万化，许多都具有超凡脱俗的美。它们的名字非常贴合它们怪异的外表：栉水母、管水母、放射虫和慎戎。然而，拍摄浮游生物的静止图像是一回事；捕捉它们自由漂浮的画面就是另一种考验了。如果把这些浮游生物放进水箱里，它们只会待在水底或者蠕动到角落里。因此，我们的团队使用了可以产生旋转水流的克赖泽尔水箱。水流在水箱边缘速度最快，任何在水中轻飘飘的东西，比如浮游生物，都被送到水箱中心，那里的水是相对静止的。这听起来很简单，但我们使用的仍是非常微小的景深。在小景深中，物体最轻微的移动都可能导致失焦或者掉帧。此外，我们还有其他更现代的问题需要处理。海水样本中有大量微塑料纤维（显然来自洗衣机）漂浮在浮游生物周围。因此，所有海水都必须经过超滤器过滤才能去除这些微塑料纤维及任何其他漂浮颗粒。否则环境太过浑浊，无法看清这些浮游生物。

我们尤其喜欢的一个拍摄对象就是慎戎，这是一种以樽海鞘为食的浮游寄生物种。这种寄生虫遇到樽海鞘时就会吃掉它们的活体组织，然后爬进樽海鞘体内。樽海鞘的壳皮既是保护层又是交通工具，慎戎会用有力的腿驱使樽海鞘壳皮前进，就像某种奇怪的潜水艇一样。慎戎被视为经典科幻电影《异形》中的怪物的灵感来源。当你用高倍微距镜头近距离观察这些生物时，你就会明白这是为什么了。它们有着巨大的眼睛，爪子上的锯齿就像弯曲的匕首。摄影师阿拉斯泰尔·麦克尤恩说："如果这个东西像人类儿童那么大，还在我们的海滩附近游弋，那么人类永远不会靠近大海。"幸好慎戎只有 12 ~ 25 毫米长。

经过 2 周的等待，慎戎终于出现在科学家每天收集的海水样本中。这甚至是纯属走运。阿拉斯泰尔为了能拍到 1 只这种小小的怪异生物，曾在一艘研究船上待了 45 天，结果他只发现了 1 只。另一件幸运的事是，我们的慎戎在克赖泽尔水箱里表现得很好。但对于这些游泳健将来说，克赖泽尔水箱并不是一个理想的设备。然而，即使我们计划周密、目标明确，我们也并不能保证一组镜头能出现在节目的最终剪辑中。最后，我们还是觉得这组镜头过于偏离我们正在讲述的浮游植物的故事。这种事情时有发生，不过幸运的是，并不经常。

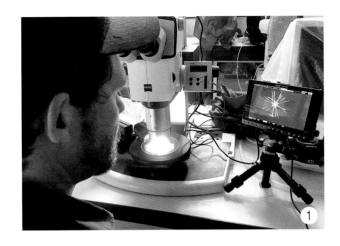

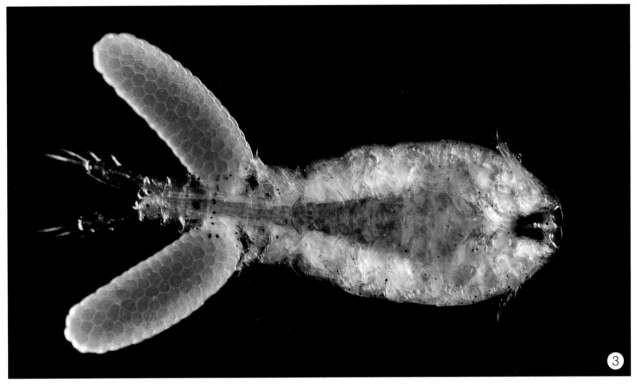

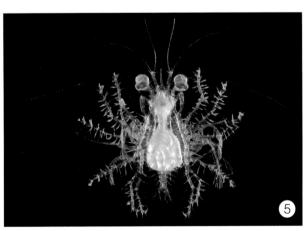

大鱼吃小鱼

浮游生物不仅是地球生命的最重要的氧气来源，它们还构成了海洋中几乎所有食物链的基础。因此，它们周围往往聚集了地球上那些最引人注目的海洋捕食者。对于海洋中的捕食者，如海豚、鲨鱼、马林鱼和金枪鱼，寻找食物的最佳策略就是跟随富含营养、充满了浮游生物的寒冷的洋流。这些捕食者可能会在洋流中遇到它们的猎物——以浮游动物为食的鱼群，如沙丁鱼、鲱鱼和凤尾鱼。一旦发现鱼群，捕食者会把小鱼们驱赶到一起，让它们游成一个大球——形成一个"球状鱼群"，并把它们推向水面，方便捕食。短短几分钟内，球状鱼群就成了一场疯狂盛宴，成百上千的捕食者（海豚、鲨鱼、海狮）趁机饱餐一顿。有些鲸会从下方攻击鱼群，而空中捕食者——塘鹅和海鸥会从上方俯冲轰炸鱼群，它们的入水速度高达每小时80千米。球状鱼群的维持时间通常较短，也许只有十分钟。吞下最后一条小鱼后，捕食者就会消失在茫茫大海中，只留下如雨般的鱼鳞慢慢落入深海。

第 154 ~ 155 页图　一大群长吻真海豚从南非的圣约翰港出发，搜捕沙丁鱼洄游群

球状鱼群是海洋拍摄的顶级素材，每一部作品都试图超越前作。当然，前提是要能找到一个球状鱼群进行拍摄。考虑到球状鱼群通常前一分钟还在这里，下一分钟可能就消失了，在海上待几周可能都看不到这些来去突然、神出鬼没的鱼群。如果哪一次远洋拍摄一无所获，十有八九是为了拍摄球状鱼群。

沿着南非海岸流动的寒流中，常年都有大量的沙丁鱼群（尽管随着气候变化，沙丁鱼群也越来越难以预测）。于是，这条洋流流经的地方也成为拍摄掠食者聚会的绝佳位置之一。从水质的角度看，最好的地点是圣约翰港，那里的海水能见度很高。为了进一步提高成功率，我们与顶级水下摄影师罗杰·霍罗克斯合作。罗杰就住在南非的这段海岸线上。熟悉拍摄地点意味着罗杰可以快速作出反应。之前的几个月我们毫无收获，但终于，完美的时刻来临了。

在一次出海中，罗杰发现上千只塘鹅一起潜入水中猎捕一个巨大的球状鱼群。入水时，俯冲轰炸的塘鹅在海面上激起的泡沫漫开了大约 10 米宽。这是让罗杰赶快下水的信号。他知道，即使是这样规模的聚集可能也只能持续 20 多分钟。

一入水，罗杰就被眼前的景象迷住了：数以百计的海鸟、鲨鱼和海豚在鱼群中

穿梭围猎。海豚在球状鱼群边缘捕捉一条条小鱼，而鲨鱼则在鱼群内部冲进冲出，张开血盆大口吞食沙丁鱼，腮中流出鲜血。当球状鱼群在水中移动时，不被鱼群包围对罗杰来说，实属一个挑战。"我全神贯注，在面罩里汗如雨下，我不得不停下来擦面罩玻璃，好看清周围正在发生什么！"有好几次，捕食中的鲨鱼从背后疾冲过来把他狠狠撞了出去。多年来，罗杰有幸多次拍摄到掠食者围猎沙丁鱼的疯狂场面。但他说，这一次无疑是他经历过的最激烈的场面。

　　除了在水下拍摄球状鱼群，我们还想在水面上拍摄球状鱼群的形成和动态——就是业内所称的"水上拍摄"。就水上拍摄而言，圣约翰港绝对不是一个绝佳选择。这里的水下能见度高，大受游客和潜水者的欢迎。所以如果你想在水面上拍摄，那么就面临一个棘手的问题：要把所有的船都清场。为了寻找更好的水上视角，海上摄制组决定沿海岸前往 600 多千米外的伊丽莎白港拍摄。伊丽莎白港的水下能见度低，海面宽阔，没有那么多游客和摄制团队。

　　自然历史制片人很少尝试在伊丽莎白港拍摄球状鱼群，所以没人知道这会有多困难。他们的目标，或者说梦想，是用无人机从船上和空中拍摄超大海豚群的

下图　真海豚以南非沙丁鱼为食，这是洄游群中的主要鱼类

上图　黑鳍鲨把围捕沙丁鱼的艰苦工作留给海豚，然后与它们争夺丰富的食物

第 158 ~ 159 页图　海豚倾向于围捕鱼群，将小鱼驱赶到一起，然后冲进密密匝匝的球状鱼群捕食。塘鹅则是从上方俯冲入水

稳定镜头。现场导演拉斯·拉斯穆森和摄影团队每天都要离开海岸 140 千米，沿着阿古拉斯洋流（一股狭窄但强劲的表层流，从莫桑比克流向南非海岸）寻找这些食肉动物。

　　和宽阔的海洋相比，船只非常渺小，这日常考验着绑在甲板上的摄像设备，拉斯称之为与海洋的军备竞赛。每隔几天，就得用另一个支架来支撑摄像机支架，这样才能保持稳固。据拉兹说，这样操作下来最后看上去就像玩叠叠乐。有时海风非常大，即使把无人机调到最高速也仍然无法起飞。而且，当回收无人机时，在 5 米高的海面上空捕捉这台飞行器确实有些惊心动魄。不过这些努力是值得的。

　　每次拍摄都需要一定的运气，但海上团队拥有船长这个秘密武器。拉兹说，船长能看到使用顶级稳定双筒望远镜也无法看到的东西。多亏了船长这双锐利的眼睛，他们大部分时间都能看到一群群真海豚，甚至还看到了一群伪虎鲸，它们已经有 20 年没有出现在这片海域了。但最大的收获是他们在海上遇到了超大海豚群。10 000 只海豚排成宽阔的纵队，在海中游动着寻找猎物。这个场景相当震撼。这是船长或任何其他船员所见过的最大的海豚群。

海洋

海鬣蜥

　　洪堡寒流（又称秘鲁寒流）以德国博物学家、探险家亚历山大·冯·洪堡的名字命名，这股寒冷而富含营养的洋流发源于智利的最南端，随后沿着秘鲁海岸北上，为世界上重要的秘鲁渔场提供养料，最终到达科隆群岛（也称加拉帕戈斯群岛）。这就是为什么尽管科隆群岛位于赤道，岛上却依然能见到像企鹅和海狮这样的冷水物种。寒冷而营养丰富的洪堡寒流对于岛上极其丰富的生物多样性意义重大。但这并不是唯一一股为科隆群岛带来好处的寒冷深海洋流。

　　克伦威尔海流又称太平洋赤道潜流，这股洋流与洪堡寒流的方向相反。向东穿越太平洋海床近 10 000 千米后，克伦威尔海流来到了群岛西侧，北上流向费尔南迪纳岛（科隆群岛最年轻的火山岛）周围。由于火山频发，这座无人居住的岛屿表面一片贫瘠，环境恶劣。但海浪之下却是另一方天地。这股寒冷富饶的洋流孕育了大量动植物，为两种独特的物种——弱翅鸬鹚和海鬣蜥，提供了生命来源。

　　弱翅鸬鹚完全依赖克伦威尔海流生存，这条洋流为它们带来了相当可靠的食

右页图　科隆群岛，一只海鬣蜥正前往费尔南迪纳岛觅食。海鬣蜥是世界上唯一一种从海洋中获取食物的蜥蜴

下图　海鬣蜥来到一只筑巢的弱翅鸬鹚附近，礁岩下藏了一只红石蟹

物来源。生活在没有天敌的环境中，弱翅鸬鹚的翅膀变得又短又粗，虽然不适合飞行，但在水下阻力更小，捕食效率更高。它们只能屏息几分钟，但这就足以让弱翅鸬鹚在开阔水域追捕一条鱼，或是从海浪下的许多岩缝中扯出一条鱼来。

海鬣蜥是地球上唯一的海洋蜥蜴。由于早已在进化过程中适应了海洋，这些爬行动物能够充分利用科隆群岛的水下宝藏。科隆群岛将近一半的海鬣蜥都生活在费尔南迪纳岛，成千上万的海鬣蜥爬满了海岸，它们一天中的大部分时间都在火山岩上晒太阳。海鬣蜥的盐腺高度发达，能够排出在海上觅食时摄入的多余盐分，而且它们还会时不时地向旁边正在晒日光浴的同类狂喷咸咸的鼻涕。不过似乎没有谁会介意这件事。

等这些海鬣蜥充分暖和起来之后，它们就会前往大海，跃入汹涌的海浪中。体型较大的海鬣蜥必须战胜巨浪才能到达最好的觅食地——海水大力冲击着嶙峋的海岸，征服本身就是一项壮举。但海浪绝不是海鬣蜥唯一必须解决的问题。和所有爬行动物一样，海鬣蜥并不耐寒，而这片水域的温度可低至 11℃（与 35 ~ 39℃

上图 海鬣蜥可以在水下待上 30 分钟之久，不过通常会在更短的时间内完成进食，它们会从岩石上刮食藻类

的理想体温相差甚远），如果在寒冷的海水里泡得太久，它们就会肌肉紧绷，最后丧命海中。海鬣蜥在水中需要争分夺秒。它们要在短短30分钟内赶到觅食地，进食并且返回。这是一项每日必须完成的任务。然而，海鬣蜥正是为此而生的：它们可以在潜水时全程屏住呼吸；它们还有着扁平的尾巴，可谓游泳健将；它们的脸部短平，牙齿构造特殊，可以很容易就吃到赖以生存的藻类。

　　饱餐海藻之后，每只海鬣蜥都会径直回到安全、温暖的火山岩上。不过，它们经常会被顽皮的海狮横加阻挠，这些海狮喜欢抓住海鬣蜥游动的尾巴自娱自乐。这种阻碍可能是致命的，因为海鬣蜥在冷水中的每一分钟都在失去重要的热量。如果体温急剧下降，海鬣蜥体内的能量就不足以支撑它们游过海浪，爬上岩石，回到岸上晒日光浴。然而，一旦出了水，它们的体温就会快速回升，这得益于它们肤色是吸收太阳热量的完美颜色。

海
洋

搏击巨浪

海鬣蜥是科隆群岛标志性的物种之一。它们的身影从未在地球的其他任何地方出现过，就算和它们的蜥蜴同类相比，海鬣蜥也相当特立独行。因此，它们能够常年领衔出演大量野生动物纪录片也就不足为奇了。尽管如此，我们仍希望海鬣蜥能在我们的海洋篇中留下它们的身影。毕竟，洋流为地球上原本贫瘠的地方带来了蓬勃的生机，而海鬣蜥完美地展现了这一切是如何发生的。我们的问题是如何将这种绝无仅有的生物拍出新意。这就要请摄影师理查德·沃勒坎贝登场了。理查德在科隆群岛上工作了足足 25 年，他比任何一位野生动物影片制作人都更了解这些岛屿。事实上，如果你看过科隆群岛的某组镜头，那些镜头很有可能全部或部分出自于理查德之手（比如《地球脉动 II》中蛇和海鬣蜥的著名镜头）。关于拍摄海鬣蜥，理查德的确有一个新构思：记录它们穿越费尔南迪纳岛的汹涌波涛前往觅食地的旅程。这是以往的野生动物影片从未充分聚焦过的举动。很快，他就说服了制片人埃德·查尔斯大胆一试。

野生动物影片的摄制人员最常被问到的一个问题就是："这些内容不是早就

下图·左　一只好奇的海狮在捉弄一只正要回到岸上的海鬣蜥。一旦进入冰冷的海水，海鬣蜥只有约 30 分钟的活动时间，然后就要立刻返回岸上的"日光区"。时间再久它就会肌肉僵硬，葬身海底。所以它们并不想见到调皮的海狮

下图·中　科隆群岛的野生动物完全不排斥人类，这让拍摄难度降低了一些。摄影师理查德·沃勒坎贝正在费尔南迪纳岛上拍摄海鬣蜥

下图·右　科隆群岛中的费尔南迪纳岛，理查德·沃勒坎贝正在拍摄海鬣蜥

拍摄过了吗？"考虑到这些年来有不少自然历史影片进入大众的视线，产生这种疑惑也情有可原。事实上，新的摄制技术能将我们熟悉的事物以焕然一新的方式展现出来，带来新的冲击。即便这点暂且不谈，仍有许多物种和行为从未进入过我们的镜头，例如奋击波涛的海鬣蜥。正因为如此，英国广播公司推出的每部重大自然历史系列纪录片似乎都能激起人们天马行空的想象力。

不过，之所以从未有人在波涛中拍摄过海鬣蜥，确实有着充分的理由。因为，这样做可能极其危险。理查德曾多次观察在巨浪中穿梭的海鬣蜥，不过都保持着安全距离。现在正是近距离亲身接触它们的好时机。如他所说："我们花了些时间来探究海浪与地形相互作用的机制，找到了几个最佳区域，既能拍摄海鬣蜥大片，又能规避无法承受的风险。"

对所有健康和安全问题进行考虑和评估之后，理查德和他的两名安全潜水员拉斐尔·加拉尔多、胡安·卡洛斯·班达进入了拍摄海域。第一个预料之外的问题出现了：海鬣蜥在游经潜水员的时候明显十分紧张。众所周知，科隆群岛上的动物对人类毫无戒心，它们根本没有理由害怕我们，所以接近岛上的野生动物总体上难度并不高。而这一次却是个例外。也许是因为理查德和他的搭档们都穿着全套潜水装备，还戴着防撞头盔以免直接撞上岩石海岸，所以海鬣蜥没有认出他

们只是人类。不管出于什么原因，这都表明我们要拍摄的内容肯定是前所未有的。

第二个问题是，摄制组本以为自己已经做好了充分的准备来面对即将到来的挑战：他们要身穿全套潜水装备，背着压缩空气罐，推着一个笨重的水下摄像机防护罩艰难行进，同时尽力让自己不要被汹涌的海浪卷走。然而，想象和实际拍摄完全是两码事。摄制组知道，在海浪中失去控制可能会让他们身受重伤，所以不管海鬣蜥正在做什么惊人之举，理查德和他的潜水搭档们都必须做好随时撤退的准备。这样一来就难免会错过一些机会，理查德承认："拍摄海鬣蜥的最佳时刻往往也是海浪对人冲击最为致命的时候，所以如果我不想撞上岩石粉身碎骨，就必须中止拍摄。其实任何拍摄都极具挑战性，一方面你要尽量避免惊扰到拍摄

第 166 ~ 167 页图　费尔南迪纳岛的海鬣蜥必须乘风破浪才能到达近海的觅食地

对象，而另一方面，也不能因为害怕被巨浪吞噬而心生恐惧。"

　　有一段时间，这个拍摄思路似乎行不通。但是，正如拍摄野生动物时老生常谈的那样（几乎每一部影片的制作花絮部分都会这样说）："坚持就是胜利。"成功的拍摄意味着毅力，运气和判断力缺一不可。"当一只海鬣蜥向我们游来时，"理查德说，"我们会下潜到海底，一只手举着摄像机拍摄，一只手紧紧抓住岩石，默默盼望自己不会被激流撕碎，被巨浪吞噬。"这次经历让摄制人员对海鬣蜥刮目相看，它们每一天都要战胜巨浪和激流才能填饱肚子。和影片摄制组一样，海鬣蜥也切实面临着被巨浪甩到嶙峋的火山岩上的危险，它们也经常因此丧命。

汹涌洋流与小乌贼

上图　交配中的火焰乌贼。雄性正试图把精囊送入体型更大的雌性的外套腔里

左页图　菲律宾，一只火焰乌贼在沙滩上爬行。它向上挥舞着红紫色的腕足尖，这是在警告潜在的捕食者自己有毒

　　印度尼西亚贯穿流是地球上规模极大、水流极强劲的洋流之一，因形成于印度尼西亚群岛附近海域而得名。这条洋流是太平洋和印度洋的海平面差异的产物。印度尼西亚贯穿流每秒钟将1 500万立方米的温暖海水从太平洋输送到印度洋，最终流入大西洋。这条洋流在全球气候系统中扮演着重要的角色，它把热量从位于热带的太平洋携带到印度洋，为亚洲季风和澳大利亚季风提供了能量。此外，这条洋流还孕育了地球上最丰富的珊瑚礁生态系统：占地570万平方千米的珊瑚礁三角区。

　　印度尼西亚贯穿流主要流经加里曼丹岛和苏拉威西岛之间的望加锡海峡，然后分散流入印度尼西亚群岛。这片海域汇聚了来自两个海洋的丰富物种，为世界上1/3的岩礁鱼和500多种造礁珊瑚提供了家园，堪称地球上最具生物多样性的海洋区域。

　　各类物种在这片富饶的水域里肆意进化，孕育出了一些千奇百怪的动物，例如海龙鱼、箱鲀和躄鱼。最古怪的当数体型小巧的火焰乌贼，它们和鱿鱼、章鱼

海洋

一样同属头足类动物。和大多数其他乌贼一样，火焰乌贼堪称快速变装艺术家，它们能够融入周围的环境，无声无息地追踪猎物而不被发现。与其他乌贼不同的是，火焰乌贼的内骨骼非常小，因此它们无法长时间游动，它们更喜欢在海底爬来爬去。当火焰乌贼受到惊吓或试图吸引配偶时，它们的身体就会变化闪烁着亮黄色和粉红色，"火焰"之名就来源于此。

　　雄性火焰乌贼的体长只有 5 厘米，比雌性火焰乌贼要小得多（这种特性在科学上称为两性异形）。雄性会变幻各种令人眼花缭乱的色彩，想方设法赢得心仪对象的青睐。在繁殖过程中，它只需要把精囊送入雌性的外套腔中——由于两性体型悬殊，这个任务看上去可能非常艰巨。雌性会到一个远离捕食者的安全处产下受精卵，比如一个废旧的贝壳下面——它会在贝壳底部粘上 15 ～ 50 个卵。巨大的洋流为珊瑚礁三角区带来了勃勃生机，也为这些乌贼卵带来了洁净的富氧水。2 周后，小乌贼们就开始孵化了，这些小生物完全就是它们父母的迷你复制品。这些小乌贼比人类的指甲还小，它们会充分利用流动的海水，把自己送到珊瑚礁三角区的其他区域生活。

上图　经过两周的孵化，一只小火焰乌贼就要从卵中孵出来了。刚孵化时，小乌贼甚至比人的指甲还小

右页图　火焰乌贼原本是暗棕色的，但它们可以在瞬间变换颜色，换上五颜六色的伪装来跟踪猎物

完美配合

　　我们将火焰乌贼的拍摄地点选在蓝碧海峡，这片海峡位于苏拉威西岛海岸，以垃圾潜水而闻名。垃圾潜水是一种在非常平坦的泥地或沙地环境中进行的潜水。除了圆柝锉蛤和火焰乌贼，蓝碧海峡还为许多看起来匪夷所思的动物提供了家园，包括小丑虾、蝉虾、蓝环章鱼和红毛猩猩蟹。但我们把全副精力都投入到了火焰乌贼身上，它们以前从未得到过完整的拍摄记录。

　　尽管火焰乌贼体型小巧，但找到它们并非难事。拍摄开始之前，当地向导花了 10 天时间对这一带进行了考察，等摄制团队到达后，他们已经找出了好几个乌贼领地。

　　即使在最佳情况下，水下拍摄依然是一项复杂的工作。如果你的拍摄对象只有几厘米大小，而且生活在湍急的水流中，那么拍摄就会难上加难。为了不被海水冲走，摄影师休·米勒、摄影助理丹·比彻姆和现场制片人拉兹·拉斯穆森不得不往泥里插一根结实的棍子，把自己固定在海底。为了确定火焰乌贼的活动范围，摄制团队需要在附近耐心等候，因此，休和丹下潜时都使用了循环呼吸系统，这样他们就能在水下连续待上 3 个小时。相比之下，戴水肺只能维持约 1 个小时。

上图　摄影师休·米勒正在印度尼西亚蓝碧海峡拍摄火焰乌贼。沙子上的 2 个岩石状的块状物就是雌性火焰乌贼

与水肺装置相比，循环呼吸器还有另一个显著优势——这种设备不会产生任何气泡，而气泡往往会惊扰海洋生物，因此循环呼吸器产生的干扰远远小于水肺。（循环呼吸系统之所以不会产生气泡，是因为压缩空气在装置内就已经被完全回收。）

摄制组一天当中有整整 6 个小时都待在水下，和在水上隐蔽点久久蹲守的摄影师并无不同。在漫长的拍摄过程中，感到饥饿和口渴都是很自然的，所以休和丹会带上能在水下吸食的能量凝胶袋（类似运动员用的那种）。如果实在进展缓慢，休就会拿出他的防水电子书阅读器，静下心来好好读上一读。

野生动物摄影师之间流传着一个笑话：动物们从来不读脚本。其实，根据实际拍摄过程中的所见所得修改出发前制订的计划是常有的事，而且这是在动物们肯赏光出镜的前提下。然而，我们的火焰乌贼确实打破了这条常规，展示了所有我们希望捕捉的举动，仿佛真的读过脚本一样。对休和拉兹来说，这是他们拍摄过的最配合的动物。摄制团队还证伪了一条公认的科学观点，即雌性火焰乌贼产卵后就会死亡，证据就是我们拍摄的雌性火焰乌贼并没有因此丧命（关于火焰乌贼的大部分研究都是在人工环境中进行的，与海洋环境自然不同）。

这次拍摄唯一令人感到失望的是，摄制组在潜水地点遭遇了大量塑料垃圾和其他垃圾。就如拉兹所说："每当我们抬头查看水体时，就有无数塑料碎片从我们的视线中飘过。"海底情况也不乐观。他们在挖掘沙子、固定摄像机的时候，发现了各种各样的人造物品，从乐高人偶到薯片袋和瓶盖。有一天，拉兹乘着独木舟沿着海岸航行，据他所说，一些海滩上的塑料垃圾几乎没过小腿。

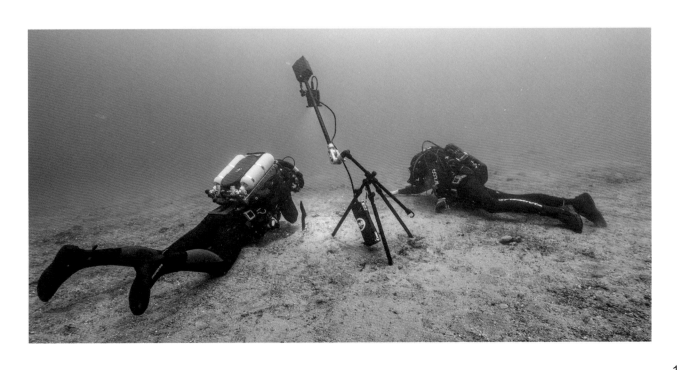

月球引力

　　在距离地球约 38.3 千米之外的太空中，月球正在围绕着它转动，这是宇宙给予地球的慷慨馈赠。据说，地球早期曾与一颗巨大的小行星相撞，撞击产生的碎片就形成了月球。尽管月球的质量只有地球的 1/81，但它毕竟是距离地球最近的天体，因此它仍会对我们的世界持续产生强大的引力。在月球的引力作用下，每隔大约 12 个小时，潮水就会在我们的海岸线上有规律地涨落。月球其实正以缓慢的进程远离地球。这颗地球卫星形成于大约 46 亿年前，当时的地月距离比现在近19 倍，地球受到的引力更大，潮水的潮差也更大。

　　随着地球每自转一周，海潮通常会迎来两次高潮和两次低潮。受月球引力影响，海水会在两点位置向外膨胀。或者更准确地说，在距离月球的最近点和最远点，这两点位置与月球呈一条直线。之所以会出现低潮，是因为月球引力也会将地球拉长挤扁（就像用手指挤压一颗弹力球）。而低潮就发生在这两点中间。相应地，

上图　苏格兰北部海岸，德内斯镇附近的巴尔纳基尔湾海滩

随着地球自转，涨落起伏的海潮会在全球范围内流动。

　　尽管整个地球受到的月球引力相同，但海岸线受到的影响却不尽相同。绵延的大陆阻碍了海水运动，因此，有些地方的潮汐被抬高了，有些地方的潮汐则被拉低了。加拿大芬迪湾有着全球最大的潮差——曾观测到 21 米的潮差记录，与此同时全球大部分地区的潮差小于 1 米。此外，大风也会助长潮汐。举例来说，强烈的海风可以把海岸附近的海水都刮走，让低潮退得更远。而陆风则会起到相反的作用，让高潮涨得更高。人们还发现，低压系统诞生的风暴和飓风会显著加强高潮的破坏力。例如，2005 年 8 月，飓风卡特里娜在新奥尔良海岸掀起了 8 米多高的风暴潮。

　　每个月中，潮汐的涨落幅度也有所不同。潮差最大的是大潮。满月和新月时各有一次大潮，届时月亮、太阳与地球呈一条直线。尽管日地距离是地月距离的近 395 倍，太阳的加入还是会强化作用在地球上的引力。与大潮相对的是小潮。大潮出现一周后，太阳和月亮的位置相对于地球形成直角，此时就会出现小潮。小潮也会在一个月里出现 2 次，在此期间，太阳和月亮的引力相互抵消，导致潮差变小。

海
洋

深潜大师欧绒鸭

潮汐流对于开阔远洋不存在显著影响，但当它们从狭窄的海湾和河口流进流出时，却能产生流速高达每小时 25 千米的汹涌洋流。潮汐流的威力在挪威的索厄特特劳门海峡展现到了极致。在这里，每 6 个小时就有近 5 亿吨海水前挤后拥地从仅有 150 米宽的狭窄海峡奔涌而过。狭窄的水道让从中穿过的洋流显著提速，形成了全球最强劲的潮汐流。如果有动物"不自量力"，试图穿越海峡，大多数都会被这股强流冲走。不过，欧绒鸭不在此列。欧绒鸭是少数完全依靠海洋生存的鸭子之一，它们甚至能驾驭这些汹涌强劲的洋流。欧绒鸭的羽毛色彩鲜明，是一种体型肥大的鸭科动物。它们之所以来到这里，是因为这片海域提供了丰富的水下觅食机会。这里的海底生长着大量贻贝，它们是欧绒鸭非常喜欢的食物。洋流为贻贝带来了丰富的养分，它们能从急流中滤食浮游生物。

欧绒鸭们成群结队，像一只只软木塞一样在洋流中漂浮摇摆。但当它们要捕食贻贝的时候，它们就会亮出鸭子的拿手功夫——鸭式下潜。欧绒鸭有着卓越的潜水天赋，能在海中下潜 40 多米。一旦浮出水面，它们就会蹬着强壮的下肢把自己再次推入水底。和同类相比，它们下肢力量是首屈一指的。到达贻贝生长的海床后，欧绒鸭会用它们特殊的楔形喙将贻贝从海岩上抠下来，然后带着壳囫囵吞下去。在索厄特特劳门海峡，欧绒鸭可以独享这些软体动物，每只欧绒鸭一天要吃上百只贻贝。事实上，根据记录显示，曾有一只欧绒鸭一天内吃掉了 1 600 只贻贝、15 只螃蟹和 6 只海星。

上图　挪威的索厄特特劳门海峡，一群欧绒鸭——雄鸭是白色的，雌鸭是棕色的。它们是少数能够驾驭索厄特特劳门海峡激流的动物之一，它们在这片海峡中搜寻海床上的贻贝

右页图·上　挪威的索厄特特劳门海峡，一个漩涡将海水搅动起来，这个小小的海峡有着全球最强劲的潮汐流

右页图·下　3 只欧绒鸭在海床上大肆享用贻贝。每只欧绒鸭一天可以囫囵吞下上百只贻贝

鸭子们……哪去了？

与拍摄其他野生动物相比，拍摄鸭子听上去只是小事一桩。毕竟，海峡附近的小镇就有一群欧绒鸭。30 年来，慕名来看鸭子的游客络绎不绝，甚至有人告诉拉兹·拉斯穆森，他可以放心地用手给许多欧绒鸭喂食。然而，当摄制组到达小镇后，却连鸭子的影子都没有见到。正如前面章节所提到的，自然历史影片摄制者经常听到当地人对他们讲这样一番话：如果他们能早点来（例如提前 1 周或 1 个月），就会更容易见到他们想要拍摄的动物，捕捉到它们的特定行为。至少在这里，这些话是真的……我们确实一年前就该来索厄特特劳门海峡拍摄欧绒鸭了。很明显，挪威欧绒鸭的数量正在直线下降。原因是什么，似乎无人知晓。最终，我们还是找到了一群欧绒鸭，对它们进行水下拍摄，尽管这对于摄制团队中的一些成员来说，意味着要以 7 千米的时速跟在一辆装有履带和扫雪机的安全车后面缓慢行驶 13 个小时。

海洋

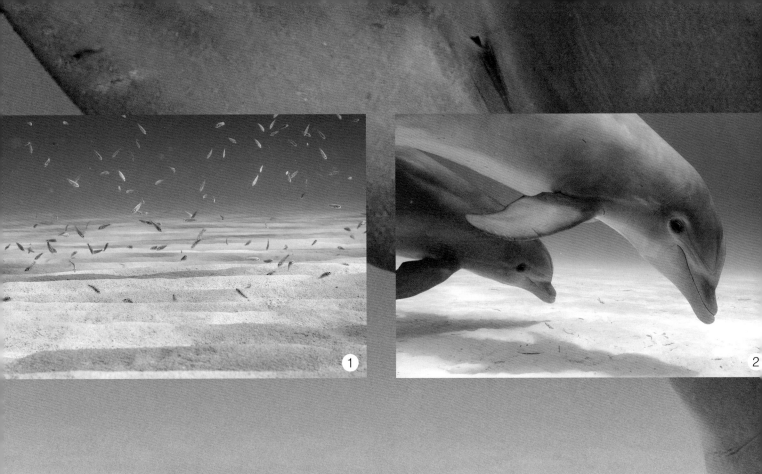

1

2

第 180～181 页图　宽吻海豚用吻部向沙子中喷射水流，让深藏其中的连鳍唇鱼无处可躲

上图·1 连鳍唇鱼从沙子中钻出来，以潮汐流带来的颗粒物为食。一旦察觉危险的迹象，它们就会立刻躲进沙子里面

上图·2 两只宽吻海豚正在猎捕连鳍唇鱼。它们发出滴答声进行回声定位，搜寻躲起来的连鳍唇鱼

上图·3和4 抓住一条！

海洋

涨落之间

地球广阔的海岸上生活着数以千计的物种，它们大多适应了潮涨潮落的生活。藤壶堪称潮汐专家，它们的身影在陆地和海洋之间形成了一道熟悉的风景。这些甲壳类动物牢牢地黏附在岩石上，就算潮水袭来、巨浪拍岸，它们也能轻松应对。当海潮退却后，藤壶就会被迫搁浅，它们会将海水封存在甲壳中，以期度过这些艰难时刻。

至于那些离不开水的生物，它们还有岩石间的潮水坑作为后盾，各色生物都可以在里面安全度日，等待海潮再次为这些潮水坑注入充满养分和氧气的新鲜海水。潮水坑带给了许多孩子关于海洋的第一次启蒙：海洋竟然具有如此丰富的多样性，同时，也给了他们一个近距离接触海洋生物的机会。然而，很少有人会对一种最常见的潮水坑物种——蓝藻有什么特殊情感。这些可以形成丝状体和菌落的单细胞生物已经繁衍生息了超过 30 亿年，是地球上早期的生命形式之一。

有些动物会根据潮汐来临的时间开展繁殖活动。海龟并不是唯一一种在海水高潮期筑巢的动物，像银汉鱼和毛鳞鱼这样的鱼类也是如此，到了产卵期，浅滩上到处都是这些银色的小鱼。在涨潮的几天后，雄鱼和雌鱼都会随着海浪来到沙滩上的高水位线位置，在那里一起完成产卵。它们将受精卵埋在干燥的沙子里，远离水生掠食者的威胁。这些卵会在沙子中发育，直到下一场高潮将它们带回大海。在卵中发育的小鱼一回到海里就会立即孵化。如果潮汐没有达到鱼卵所在的位置，这些卵甚至可以再坚持 2 ~ 4 周的时间，直到下一次大潮来临。没有人清楚银汉鱼和毛鳞鱼是如何确切地把握时机，在合适的潮汐中产卵，但是科学家们猜测这些小鱼体内有一个潮汐节律（类似于昼夜节律），可以察觉月球引力的细微变化。

大型河流的河口区域常常会形成另一种人们熟悉的重要的潮汐栖息地。海水和淡水在河口交汇，为大量鸟类提供了重要的觅食场所，比如蛎鹬、红腹滨鹬、黑腹滨鹬、反嘴鹬和矶鹬。这些水鸟随着潮汐进退，用特殊的喙在露出水面的淤泥中搜寻猎物，如贻贝、鸟蛤、蛤蜊、沙蚕和帽贝。

右页图　美国华盛顿奥林匹克国家公园，侧花海葵、茗荷和赭色海星在退潮时露出水面

第 184~185 页图　英国东海岸的斯内蒂瑟姆，退潮时，蛎鹬、红腹滨鹬和其他水鸟在泥滩上觅食

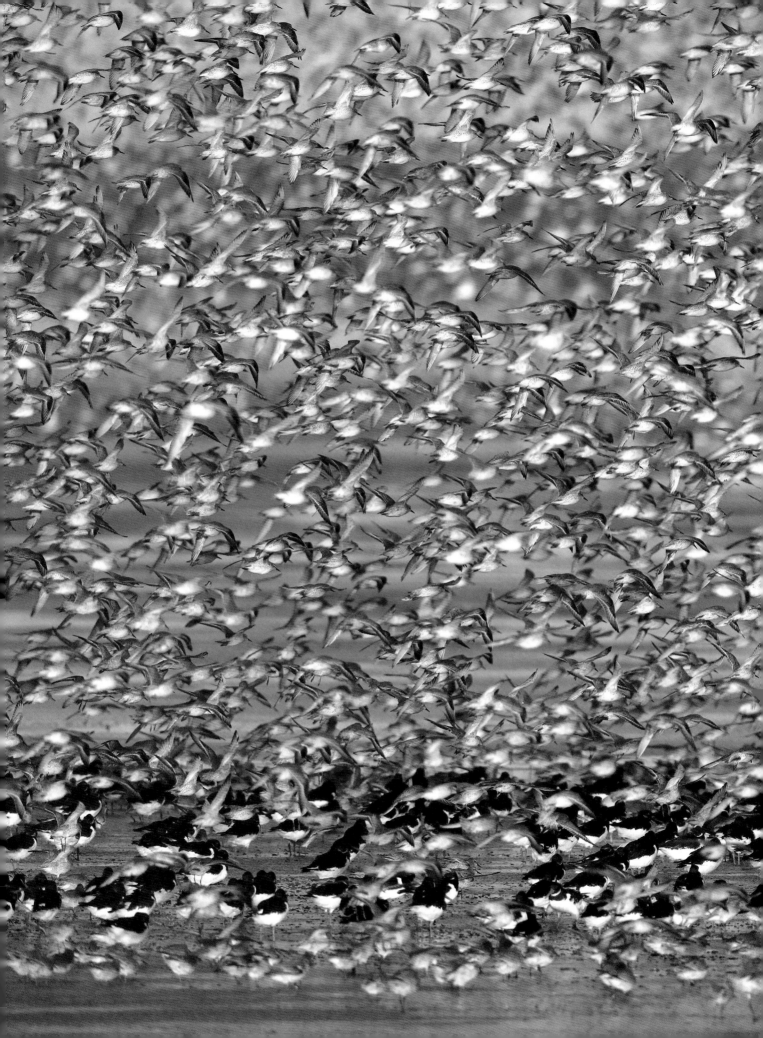

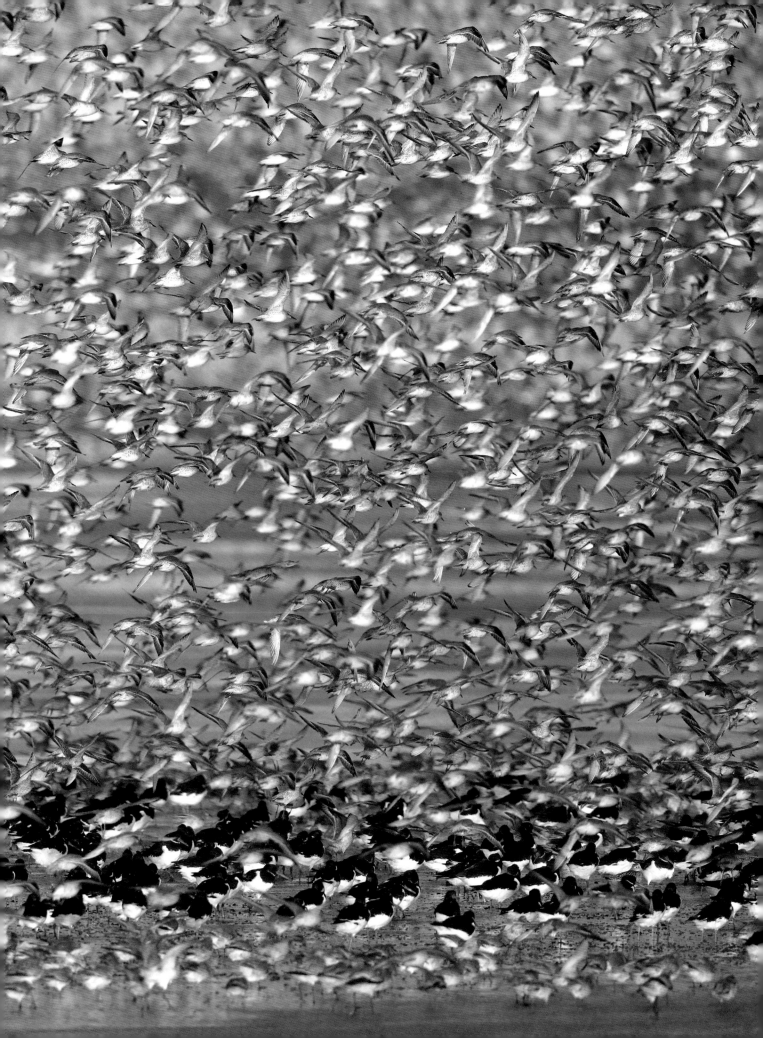

海上森林

　　世界上最重要的潮汐生态系统也许非红树林莫属，红树林本质上是生长在河口淤泥中的树林。这些扎根于热带、亚热带地区的"潮汐林"，是地球上富饶、顽强的栖息地之一。河口区域每天潮水泛滥，大多数树木无法存活，但红树林却能在这种环境中茁壮成长。红树林植物是唯一能在海水中生长的树木，它们对于盐分的适应能力是其他树木的100倍。这些植物可以通过叶子将多余的盐分排出去，

第 186 ～ 187 页图　巴哈马比米尼群岛，两只小柠檬鲨从一片红树林沼泽边缘的水道游过

或是在根部吸水时将盐分过滤掉。一些红树林植物甚至可以将盐分储存在老叶或树皮中，这样一来，当树叶或树皮脱落时，盐分也会随之排出。这些植物会将排除盐分的淡水储存在坚硬的蜡质树叶中，在阳光的炙烤下最大限度地减少蒸发。

呼吸是红树林必须战胜的另一个考验。普通森林的土壤中会留存一定气体，树木可以从中吸收氧气，但红树林沼泽中的氧气含量很低，所以这种方式是行不通的。因此，为了解决吸氧问题，红树林长出了可以从大气中吸收氧气的气生根，也就是呼吸根。正是这种气生根网络造就了与众不同的红树林。

潮汐流不仅每天为红树林中的生物提供养分，还会帮助树木散播种子。红树林的种子呈箭状，具有很强的浮力，这些种子在生根之前能够在海洋中漂流超过一年。淡水和海水在河口混合后会形成淡盐水，这是红树林的理想生长环境。红树林植物的种子进入这种水域后就会立起来，退潮后，它的根就会向下生长扎入淤泥中。

红树林构成了沿海食物网的基础，这片生态系统养育着从无脊椎动物到鸟类、哺乳动物的数千种物种，包括稀奇古怪的侏三趾树懒、长鼻猴和虾虎鱼。虾虎鱼

下图 西非几内亚比绍海岸外的比热戈斯群岛，一只大西洋虾虎鱼正用它的胸鳍爬过红树林间的滩涂

上图　西印度群岛的巴哈马群岛，一只新生的小柠檬鲨正游动着离开它的母亲

仿佛来自《爱丽丝梦游仙境》中的颠倒世界，这种眼球突出的小鱼竟然可以用胸鳍爬树。它们可以把水储存在口腔和鳃腔中。因此，不管周围有没有水，这些小鱼都一样悠然自得。红树林还是幼鱼的重要育苗场，这些植物暴露在空气中的根系网络是幼鱼的避难所。当潮水汹涌而来时，其他体型较大的鱼类也会进入其中暂避风头。

　　在巴哈马群岛，刺魟和幼年柠檬鲨会趁着涨潮，来到红树林进行捕猎。在水位最高的时候，就连成年柠檬鲨也能游进红树林。但这些体长 3 米的大型掠食者不是来这里捕猎的。雌性柠檬鲨回到它们出生地是为了生育后代。它们可以产下多达 18 只幼鲨，而幼鲨一出生，雌鲨就会游回深水区，以免退潮后搁浅。退潮后，新生的幼鲨就得到了红树林的庇护。小小的幼鲨可以游入迷宫般的树林深处。不过，如果不想被搁浅，它们必须在红树林中找到一个长期有水的潮水坑：一个远离捕食者的鲨鱼育儿室。年轻的鲨鱼将在这些潮水坑中度过它们一生中的前两年，学习如何跻身顶级海洋捕食者之列。

海洋

搁浅

需要留心何时退潮的不仅是雌性柠檬鲨，还有摄制组。为了进入美国弗罗里达州比米尼群岛附近的红树林拍摄地，摄制组需要重走幼年柠檬鲨在树林迷宫中所走的同一路线。路线中的那些水道只有在涨潮时才允许船只通行，而且仅有一两个小时的时间。如果他们出发得太晚，机会之窗就会关闭，他们将浪费一天的拍摄时间。但是，如果返程太晚，他们就会被困在红树林里，这种情况自然也是制片人埃德·查尔斯希望尽量避免的。正如埃德所说："如果出现这种情况，我们 5 个人就会被困在一艘毫无遮挡的小船上，除了在黑暗中苦等 10 个小时直到再次涨潮之外，别无他法。"显然没有人愿意冒这个险，但人们在专注于拍摄的时候，可能会失去时间观念。后来埃德回忆，在某次拍摄过程中，他们搁浅 10 个小时的噩梦差点就要成真。"我们立即跳下船，竭尽全力把船从搁浅的沙洲上半抬半推

第 190～191 页图　摄影师邓肯·布雷克和制片人埃德·查尔斯在巴哈马比米尼群岛的红树林拍摄小柠檬鲨

地弄了下去，推进足够深的水里，还要保证自己的安全。那次真是惊险至极。"

在拍摄过程中，还有其他更危险的东西需要留心。要前往拍摄地点，通常需要摄影师跳下船，慢慢地把船推到特定位置。这个举动本身并没有问题，但摄制组知道，沙子和海草中还潜伏着伪装巧妙、满身毒刺的刺魟。作为预防措施，摄制组采用了一种他们称为"拖步"的步法，即双脚在水底轻轻滑动着走。碰到刺魟的概率总是存在的，但这种行走方法可以让他们避免一脚踩上去——那才是真正的危险。凡是在这种鲨鱼近亲的身上吃过苦头的人都说，这是他们最痛苦的经历。所以，"拖步"是避免踩上刺魟然后惨叫着跳脚的最佳方式。

刺魟是人们眼中的不速之客，小柠檬鲨却大受欢迎，它们是这次拍摄中的大明星。幸运的是，接近小柠檬鲨并不困难。对于鲨鱼来说，水花四溅可能意味着有鱼类受伤了，所以当摄制组开始在潮水坑周围走动时，附近水中所有的年轻鲨鱼都来一探究竟。一旦好奇心战胜了恐惧，多达 20 只小柠檬鲨就会一齐围上来，从摄制人员的腿间游过，有时还会大力撞击他们。这些鲨鱼也许有点令人紧张，但它们并不会对人类造成伤害。只有一只鲨鱼需要特别防备，摄制人员给它起了个绰号叫作埃维尔·克尼维尔。据埃德说，这只鲨鱼很爱咬人。在摄影师专注于拍摄的时候，埃德的工作就是不让年轻的埃维尔有机会靠近镜头。例如，确保它无法靠近人们脆弱的手指。好在埃维尔的头上有一个醒目的黑色斑点，这让它非常容易被辨认，所以埃德可以用一根棍子护住自己，并拦住他，然后轻轻地把他推开。

蝠鲼的福地

　　海岸附近的所有生物都随着每日的潮汐节律繁衍生息，但对于有些动物来说，生命的关键在于等待合适的潮汐：大潮——一个月中潮差最大的潮汐。在密克罗尼西亚的一个珊瑚礁上，大潮来临意味着一个极其特殊的事件即将发生。成千上万的刺尾鲷开始聚集起来，等待黄昏降临。随后，雄鱼和雌鱼都会游到一片水体中同步开展活动，它们会同时释放数十亿颗精子和卵子。大潮期间潮水的幅度最大，在这个特殊时期繁殖，大部分受精卵会被水流带往开阔的远洋，远离珊瑚礁中的捕食者。而突然杀出的蝠鲼，为这个精彩的故事增添了浓墨重彩的一笔。

　　蝠鲼长年累月地在偏远的珊瑚岛之间巡游，只有大潮将成群的刺尾鲷吸引来此，蝠鲼才会出现在这个珊瑚礁附近。蝠鲼为何能如此完美地根据潮汐周期展开活动，背后的原因我们无从得知，但每当刺尾鲷产卵时，蝠鲼通常就会在产卵开始的半小时内如期而至。当刺尾鲷向海中产卵时，蝠鲼就像阴暗的幽灵一样在乳白色的海水中游弋，并用特殊的鳃板将鱼卵过滤到口中。如果它们在产卵的1个小时后才姗姗而来就只能扑一个空。然而，这些刺尾鲷的产卵量非常之大，在蝠鲼有机会将它们全部"吞进"口中之前，大部分鱼卵都会被带到深海远洋。

　　想要拍摄刺尾鲷和蝠鲼的潮汐之舞，就要与发现这片海域的科学家密切合作。但是在这里拍摄有一个重要条件：我们必须发誓绝不会透露这里的位置。保密非常有必要，如果将这里的位置信息公开，这片独特的海域很快就会挤满前来游玩的潜水者。能够吸引人们前来的主要是50条蝠鲼，它们在只有几米深的海水中往

第 194～195 页图　在密克罗尼西亚的一座珊瑚礁上，一条蝠鲼正在大吃刺尾鲷刚产的卵。蝠鲼到达的时机非常完美，正好在刺尾鲷产卵的时候。每月潮差最大的时期就是岩礁鱼产卵的时机

下图·1　一条蝠鲼在密克罗尼西亚的珊瑚礁上一掠而过

下图·2　一条蝠鲼在一群刺尾鲷周围游动，等待它们产卵

下图·3　正在产卵的刺尾鲷。雄鱼和雌鱼冲向水面，步调一致地向海水中释放数十亿颗精子和卵子。受精卵将随着潮水进入广阔的远洋

下图·4　一群蝠鲼在吃刺尾鲷的卵。它们用专门的鳃板将鱼卵过滤到口中

第 196 ~ 197 页图　在刺尾鲷产卵后，3 只蝠鲼从海水中滤食鱼卵。这些蝠鲼整年都在密克罗尼西亚偏远的珊瑚礁间活动

来游弋，但这种外来的关注很容易把它们吓跑。拉兹·拉斯穆森告诉我，这位科学家朱莉和她的丈夫贾森慷慨地给予了他们极大的支持，和他们一起度过了很多时间（朱莉和贾森的工作船也是拉兹拍摄时所乘过的最棒的船！）。有一次，拉兹的门牙掉了一半，而恰巧贾森是一名牙医，他花了很长时间给拉兹修牙，让他的牙齿比之前状态还要好。在拉兹看来，这片海域的未来，以及在这里觅食的蝠鲼，显然都得到了很好的守护。

3

4

乘风破浪

    纳扎雷、马弗里克小牛浪、派普莱恩管浪和提阿胡普——这些名称对你来说可能毫无意义。但如果你是一位热衷于追逐巨浪的冲浪者，那么它们就是梦想的代名词。在葡萄牙海岸的纳扎雷，浪点可以掀起 30 米高的惊人巨浪。不过，能够驾驭这种惊涛骇浪的人只是凤毛麟角，那些冲浪者不仅技术过硬，而且勇气可嘉。这些浪点之所以能掀起巨浪，都是受到了海岸线地形的影响，但是无论这些海浪是何种类型，它们的源头都在远洋深海中。

    猎猎大风从海上刮过，在海面上激起了层层涌浪。如果积蓄了充足的能量，这些涌浪就可以席卷整个海洋。实际上，能量从风中传递到了海浪中。当涌浪迫近陆地时，由于水深变浅，海浪就会破碎（通常，当水深只有浪高的 1.5 倍时就会出现这种情况）。破碎波的规模很大程度上取决于一开始造成涌浪的风力大小。风暴越强，产生的涌浪就越大，这就是为什么热衷巨浪的冲浪者会密切关注远洋上的天气系统。从本质上说，天气可以作为一种先进的冲浪预警系统。这一点是我自己发现的，彼时我正在密克罗尼西亚波纳佩岛上拍摄冲浪画面。整整两周，我们一直都在等待合适的拍摄时机，那是一年中最有可能出现巨浪的时刻。但大海波澜不惊，日复一日，令人沮丧。虽然也有零星海浪，但对于我们将要拍摄的热衷大浪的冲浪者来说没有任何挑战性，而且海上丝毫没有产生大浪的迹象。最终，我们只好放弃拍摄，打道回府。

    几个月后，我们在波纳佩岛住过的冲浪营的经理给我打来电话，说在太平洋

上图·左 澳大利亚蜥蜴岛浅海中的一群银汉鱼

上图·右 银汉鱼跃出水面躲避捕食者

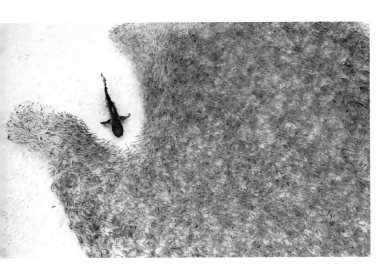

上图·左　蜥蜴岛，一条乌翅真鲨在一群银汉鱼中游弋

上图·右　两只乌翅真鲨冲到海滩上捕捉银汉鱼

深处探测到了一个巨大的涌浪，预计 3～4 天就会上岛。我立刻召集摄制团队，火速出发前往波纳佩岛。就在我们抵达的第二天一早，美丽的巨大桶形浪席卷而来，我们只花了短短几个小时就拍到了完美的画面。在我拍摄野生动物纪录片的生涯中，这一直是我用时最短也最成功的一次拍摄。

不过，并非只有冲浪者才能享受海浪的恩惠。除了潮汐和洋流，海浪也是沿海的海洋动物重要的养分提供来源。即使最轻微的海波也会搅动沙子，让原本藏在下面的食物暴露出来。以澳大利亚蜥蜴岛的浅滩为例，温和的波浪作用可以在不到半米深的浅海中掀起一阵捕食狂潮。

破碎的海浪卷起浅水中的沙子，吸引了一群银汉鱼（一种钓鱼常用的小饵鱼）来到这里摄取养分。它们的出现引来了鲹鱼，这些捕食者会冲进鱼群，让银汉鱼不得不躲进海浪中，逃出它们的追捕范围。在乌翅真鲨加入鲹鱼的战场之前，这种策略堪称巧妙。但现在，当银汉鱼在鲹鱼的攻势下躲进海浪中时，乌翅真鲨就会冲进冲浪线，窜到海滩上，将一条条搁浅在沙滩上不停"蹦跳"的银汉鱼吞入腹中。幸存的银汉鱼游回大海，却又落入鲹鱼的口中。这些捕食活动吸引了苍鹭和海鸥，它们会趁机捕食这些晕头转向的银汉鱼。在这片不到半米深的浅海中，银汉鱼群沦为了捕食者的球状鱼群。

海
洋

企鹅的挑战

　　海洋越是狂暴，海水中的养分就越丰富。马尔维纳斯群岛位于地球上最波涛汹涌的海域之一，这里是凤头黄眉企鹅（也称跳岩企鹅）的绝佳狩猎场所，嶙峋的岩石海岸也是它们养育幼崽的地方。雌性产卵后，雄性会接手进行孵化，而雌性则去捕食磷虾、鱿鱼和鱼类，并赶在雏鸟孵化时返回。但是，想要回到栖息地，雌企鹅就必须爬上陡峭的岩石峭壁。这时，为它们带来了丰富食物的海浪反而成了一个主要障碍。雌企鹅别无选择，只能与拍岸的波涛斗智斗勇。选择合适的时机至关重要。如果它们动身太早，可能会撞上岩石粉身碎骨；如果太晚，又会被海浪卷回大海。它们的爪子呈钩状，可以牢牢抓住光滑的岩石，但有时也会失手。这些小小的企鹅被巨浪一次又一次地冲下陡峭的岩坡。但它们不能轻言放弃。饥饿的雏鸟嗷嗷待哺，它们的伴侣同样饥肠辘辘——雄企鹅可能已经好几周没有进食了，新手妈妈们必须不断尝试，直到成功。令人惊讶的是，它们真的做到了。

　　凤头黄眉企鹅的回家之路必定是危险丛生的路线。正如制片人埃德·查尔斯所认为的，这次拍摄绝非易事。"为了拍到想要的照片，我们将一辆车停在悬崖上，并固定好车轮，再把绳子绑在车上，然后穿着全套的攀岩装备，沿着满是鸟粪的湿滑岩壁绕绳下降。通过这种方式，我们来到了距离企鹅攀岩起点大约 20 米的上方，风暴卷起海浪，猛烈地拍击着悬崖，激起了近 30 米高的浪花，把我们浇成了落汤鸡。我们绑着相对安全的绳索，近距离欣赏了海洋不可思议的力量，不禁惊叹，企鹅竟然能从这种严酷的考验中幸存下来！ 凤头黄眉企鹅是体型较小的企鹅，但同时它们是勇敢的企鹅。

海洋

火山

VOLCANOES

人间地狱

大多数人都认为那些巨响是从远处传来的炮火声，远在 2 400 千米外的人们也不明就里地这样想。听到那些巨响的人都确信：这一定是进犯的敌军、海盗或其他侵略者鼓起的声势。那片区域中的城镇和社区都派遣人手前去探明原委，或是前去摆平任何引发这场冲突的事端。那一天是 1815 年 4 月 10 日。

人们听到的声音其实是从印度尼西亚的松巴哇岛上传来的，那是岛上的坦博拉火山爆发时产生的冲天巨响。那次喷发也是有记录以来最大规模的一次火山爆发。对于附近的居民来说，坦博拉火山最后一次喷发的规模超乎了他们的想象。

上图　俄罗斯堪察加半岛北部托尔巴奇克火山群中的一座小型盾状火山——普洛斯基火山

如今，坦博拉火山爆发已经成为一个传说。依照火山爆发指数（VEI，共 8 个级别），坦博拉火山爆发达到了 7 级。1883 年的喀拉喀托火山爆发是 6 级，最近的一次 8 级爆发据说是距今约 2.65 万年的新西兰陶波火山爆发。

坦博拉火山的最后一次喷发将山顶轰掉了 1 000 多米，摧毁了岛上的所有植被。火山灰、熔岩和高温气体组成了巨大的火山碎屑流（也称火山灰流），以超过 160 千米的时速从火山上喷涌而下，一路涌入大海，引发了高达 4 米的海啸，将周遭岛屿和沿海地区一概淹没。海上飘着巨大的火山浮石，有些直径宽达 5 千米，把船只都困在了港口。

大气中弥漫着厚重的火山灰，一连数日遮天蔽日。据目击者称，周遭暗无天日，有时甚至伸手不见五指。火山灰飘降了数周，有些地区积落的火山灰厚度超过了 1

火
山

米。火山碎屑压塌了屋顶，甚至摧毁了数百千米外的房屋。

据估，松巴哇岛、龙目岛和巴厘岛的死亡人数超过了 7 万人。约 1.2 万人瞬间被火山碎屑流夺去了生命，其余人则死于饥饿和疾病。这不仅是有记录以来最大规模的一次火山喷发，并且也是最致命的一次。不过，有关火山爆发的故事并没有到此结束。

这次火山爆发的威力异常惊人，将大量的细灰、尘土和火山气体（主要是硫酸盐气溶胶）喷射到离地面约 20 千米高的平流层。云层围绕地球做循环运动，将太阳的热量反射回了太空中，改变了地球另一端的气候。

次年，即 1816 年，这一年在北半球被称为"无夏之年"。如今，人们普遍认为这主要是由坦博拉火山爆发造成的。中国、欧洲各国和美国东海岸的夏季出现罕见低温，农作物歉收，失业、骚乱和移民问题接踵而来。数千人在饥饿中丧命，还有更多人死于痢疾和伤寒，这些都直接导致了人口衰退。坦博拉火山对全球产生了重大深远的影响，一些历史学家认为这次火山爆发永远地改变了世界——无论是从政治上还是从经济上。

虽然坦博拉火山造成了惨重的破坏，但它还产生了更广泛的影响，制造了一些有趣的插曲。画家威廉·透纳最负盛名的一些画作中都出现了异乎寻常的"红

右页图　在冰岛的埃亚菲亚德拉火山爆发期间，闪电和喷射的熔岩弹穿透了浓重的火山灰云。这座岛处在两个构造板块之间的火山活跃带上

下图　印度尼西亚苏门答腊岛的锡纳朋火山，火山灰、熔岩和高温气体组成的火山碎屑流从火山一侧倾泻而下

色天空"——这正是坦博拉火山灰的产物,这些灰尘弥漫在空中,散射着阳光。1816年那个潮湿、黑暗、阴森的夏天也为小说家玛丽·雪莱提供了灵感,让她创作出了传世之作《科学怪人》。

当然,坦博拉火山并不是唯一一座致命的火山。维苏威火山爆发让整个庞贝古城灰飞烟灭,数千人遭受灭顶之灾。喀拉喀托火山爆发释放了相当于1.5万枚核弹的能量,超过3.5万人因此丧命。1902年,马提尼克岛的培雷火山夺去了3万名圣皮埃尔居民的生命,只留下两名幸存者。其中一人是当地监狱单独监禁的囚犯,他被高温气体严重灼伤。在身体痊愈并获得赦免后,他加入了巴纳姆贝利马戏团的巡回演出,因从培雷火山爆发中幸存而名声大噪。1985年哥伦比亚内华达德鲁兹火山爆发,造成2万人死亡。1991年菲律宾皮纳图博火山爆发,造成772人死亡,摧毁了20多万人共同生活的家园。火山肯定还会继续造成伤亡,因为有3.5亿人还生活在活火山的危险范围内。

火山爆发并非每次都会带来致命的后果,但在现代世界,火山爆发还会以其他方式造成混乱。例如,2010年4月,冰岛的埃亚菲亚德拉火山爆发引起了轰动性的新闻。这座火山的名字不易朗读,让新闻演播间的主持人和记者们为其发音苦恼了好几个星期。这次火山爆发没有造成人员死亡,因为它的火山爆发指数只有2级,但是它喷出了大量细小的、充满玻璃砂的火山灰,导致20个国家将其领空的商业航线关闭一周。这是第二次世界大战以来级别最高的航空运输中断事件。

虽然火山的毁灭性已是众所周知,但火山喷发的频率可能会让大多数人大吃一惊。目前地球表面上有1 000多座活火山(绝大多数火山都在地上,其余的则深藏在海底),其中多达30座活火山每年都会喷发。火山学家们提出了一个发人深省的观点:在未来50年内,有10%的概率会再次出现坦博拉规模的火山爆发。在我们或我们下一代的有生之年,灾难性事件的发生概率相当之大。更糟糕的是,科学家们仍然无法准确预测火山喷发的时间。此外,历史表明,最具破坏性的喷发反而是那些火山学家们并不重视的火山造成的,比如菲律宾的皮纳图博火山爆发。

左图 墨西哥雷维亚希赫多群岛生物圈保护区的圣贝内迪克托岛,军舰鸟的筑巢地就在休眠的巴尔塞纳火山的火山渣锥附近

生命的起源

第 210 ~ 211 页图 滚烫的熔岩从夏威夷的基拉韦厄火山的普武厄火山锥喷涌而出，流过山侧斜坡，并通过熔岩管道向下流入海中

读了这些火山爆发的故事，你可能会觉得火山就和蚊子一样对这个世界有害无益。产生这种想法也情有可原，但是你错了（就连蚊子也有其存在的意义）。火山爆发确实让不计其数的人与动物死于非命，但事实是：如果没有火山，地球上就不会有我们这些生命。

46 亿年来，火山活动已经成了地球的一大特征，几乎从地球形成之初持续至今。火山为我们提供了可以呼吸的大气，形成了海洋和海洋之上的陆地。简而言之，生命起源于此。

地球的大气层是太阳系中独一无二的存在，我们不妨以之为例来验证这个大胆的主张。如今，大气的主要成分是分别占 78% 的氮和 21% 的氧。事实证明，这个比例堪称完美。很明显，没有氧气我们就无法呼吸，但如果氧气含量过高，

就会产生各种我们并不乐见的奇怪事物，例如巨大的昆虫和非常易燃的物品。最可怕的是，氧中毒会导致细胞分解。

火山并不能生成氧气，但火山却是氮的唯一源头，也是所有二氧化碳的原始来源。如今，二氧化碳在大气中约占 0.04%。众所周知，二氧化碳是一种温室气体，这种气体如今威胁着我们这颗星球的稳定。但是，植物的生长离不开二氧化碳，因此，没有二氧化碳就没有生命。而植物进行光合作用时会产生什么呢？答案是氧气。所以，没有火山就没有二氧化碳，没有二氧化碳就意味着没有植物，也就没有氧气，没有可以呼吸的大气。

如果没有火山，海洋也就无从说起，这是因为地球上的水蒸气主要是由火山岩浆剧烈喷发所产生的（很多科学家认为地球上的一部分水来自外星体撞击）。大约 45 亿年前，地球冷却之后，水蒸气凝结形成了海洋。

上图　美国宇航局宇航员在"奋进号"航天飞机上拍摄了俄罗斯堪察加半岛的克柳切夫斯科伊火山喷发的熔岩流

右页图　布恩迪，一只年轻的山地大猩猩在休眠的维索克山（也叫比索克山）的火山口边缘观察周围的环境。这座火山位于卢旺达和刚果民主共和国的交界处

地球熔芯

如果在脑海中描绘一座火山，你可能会想象出一座巨大的锥形山，尖尖的山顶上可能还喷发着浓烟和火焰。这种火山称为层状火山或复合火山，由火山灰和熔岩层构成。层状火山可能威力强大，极其危险。它们喷发的时候常常惊天动地，会喷出滚烫的熔岩，形成火山碎屑流，有时还会崩落卡车大小的岩石。这些火山还具有改变气候的威力。比如皮纳图博火山爆发所产生的火山灰云不到 30 小时就覆盖了 260 万平方千米的广阔区域。不过层状火山只是各种火山中的一种。

盾状火山，顾名思义，其形状宛如倒置的战士盾牌。这种火山可能相当巍峨，比如夏威夷的冒纳罗亚火山，但通常不会发生剧烈爆炸。它们能够产生大量熔岩，但是和层状火山不同，盾状火山坡度较缓，所以熔岩流得更慢。

火山渣锥是一种最常见的火山。它们的生长速度可以很快，但山体一般很小。就火山活动和山体大小而言，火山渣锥更像是按比例缩小的层状火山。

火山的故事要从地球熔融的内部讲起，不了解地球的结构就无法充分理解这一点。让我们想象着将地球一切两半，其横截面会呈现出一系列同心层。位于最中心的是基本完全由铁构成的固体内地核，半径约为 1 290 千米。内地核的上一层则是外地核，深度 2 900 千米～5 100 千米，主要由铁组成。与内地核不同，外地核是液态的。这一层结构非常重要，如果没有它，地球就无法产生磁场，也就无法抵抗太阳辐射。如果地球的大气层被太阳风吹走，地球上的万物都将不复存在，我们的蔚蓝家园会变得像火星一样毫无生气。

继续向外，是半液态地幔，地幔由上地幔和下地幔组成，厚度超过 2 800 千米，体积约占地球体积的 82.26%，质量约占地球质量的 67.0%。岩浆或者说液态岩石就来源于此，岩浆喷出地表就形成了熔岩。

最外层是地壳，也就是我们脚下的地面以及波涛下的海底。地壳的厚度为 5 千米～70 千米不等。如果现在把地球想象成一个橙子，那么地壳和其他圈层的比例其实类似于果皮和果肉的比例。

地壳的厚度并不均匀，地幔中熔化的岩浆在巨大的压力下常常能从地表薄弱的部分喷发而出，尤其是在地壳最薄的海洋板块。另外值得一提的是，我们在地球上所能钻探的最大深度只有不到 13 千米，而且不太可能向更深处推进了。儒勒·凡尔纳的名作《地心游记》中的情节是不可能实现的，尤其是因为你需要应对超过 4 700℃的高温。相比之下，刚喷发出来的熔岩（地球表面温度最高的自然物质）的温度只有其 1/4。

地球建筑师

大陆板块或海洋板块的中部通常会形成火山热点，热点下方的岩浆柱通过地壳裂缝不断上涌，将岩浆喷出地表。当这种活动发生在海洋中时，喷涌而出的熔岩就会形成岛屿。科隆群岛和夏威夷群岛的形成都要归功于这种火山活动。

基拉韦厄火山位于夏威夷岛，是世界上活跃的火山之一。2018 年，这座火山喷发的熔岩流奔腾不息地流淌了整整 4 个月。其实自 1983 年以来，它几乎一直都很活跃。在那段时间里，基拉韦厄火山的熔岩覆盖了岛上 97 平方千米的土地，摧毁房屋数百座。非常重要的一点是，在 1983—2018 年，它创造了近 6.5 平方千米的新陆地。可能听起来面积不大，但火山活动参照的是不同的时间尺度，它们的活跃会持续数万年。

尽管夏威夷岛是夏威夷群岛中最年轻的一座岛屿，但它已有约 100 万年的历史。在此期间，夏威夷岛上逐渐形成了 5 座火山（其中 2 座是活火山，一座是基拉韦厄火山，还有一座是冒纳凯阿火山。如果从海底基部开始测量，冒纳凯阿火山就是世界上最高的山），创造了超过 6 440 平方千米的陆地。

一座座岛屿充分展现了火山造陆的伟力。不仅仅是岛屿，地球上几乎每平方米土地都来源于地球的熔芯。这个过程永不止息。

一旦熔岩冷却硬化，就会为生命提供生存的平台。最先扎根的通常是植物。它们可能是随着海风或洋流来到岛上的，也可能是被海鸟的爪子或羽毛意外带到岛上的。等到新岛屿建立起繁茂的植物群落，动物们就有了生存的机会。然而，物种的演替速度取决于这座岛屿和最近的大陆之间的距离。夏威夷群岛是偏远的群岛，人们认为这座群岛上的每一个新物种都需要超过 3 万年才能安顿定植。对于我们来说，如此漫长的时间似乎是难以理解的，但就地质时间而言，这不过是一眨眼的功夫。科隆群岛可能是世界上最著名的群岛。熔岩从一个如今依然活跃的火山热点中喷发，并在地质传送带上缓慢移动，历经数百万年形成了这座群岛。这些岛屿与夏威夷岛一样，虽与大陆地块相隔绝，却有着极其丰富的野生动植物。

右图　美属萨摩亚图图伊拉南岸的石滩上，一颗被冲上海滩的椰树种子发出了嫩芽

第 220 ~ 221 页图　夏威夷基拉韦厄火山喷发的炽热岩浆直接涌入大海，形成了新的陆地

科隆群岛上的陆鬣蜥

生活在有活火山的岛屿上肯定是提心吊胆的，但在科隆群岛的费尔南迪纳岛，却有一种动物能够化腐朽为神奇。

每年一到了 5 月，就有大约 2 000 只怀孕的雌性陆鬣蜥拖着沉重的身体从海岸出发，经过两周的艰难跋涉，爬到费尔南迪纳岛上的拉昆布雷活火山山顶。它们此行是为了在温暖的火山灰中产卵，那里的温度最适宜孵化。率先爬上火山口边缘的陆鬣蜥会就地筑巢，但那里的空间毕竟有限。因此，许多雌蜥蜴唯一的选择就是一路下到火山口底部。底部的空间相对广阔，但前去的旅程危险丛生。从火山口往下爬并没有道路可循，前些年开辟的小路没有一条能在地震、滑坡和熔岩流中幸存。

拉昆布雷火山的火山口深度超过 800 米，但每只雌鬣蜥在岩石嶙峋的陡峭山坡上往下爬时，往往还要多走好几倍的距离。在一些比较险峻的地方，岩石很容

第 222 ~ 223 页图　科隆群岛的费尔南迪纳岛，一只雌性陆鬣蜥在拉昆布雷火山口边缘短暂停留，随后她要下到火山口底部产卵。这一旅程可能需要好几天

下图　费尔南迪纳岛上的拉昆布雷盾状火山，山坡上有一只雌性陆鬣蜥。1968 年，一次大爆发使火山口底部下降了大约 300 米——就连地球另一端都能感受到这次火山爆发的影响。20 世纪 70 年代，火山活动改造了背景中的湖泊

上图 科隆群岛的费尔南迪纳岛，一只雌性陆鬣蜥正在拉昆布雷火山口底部的火山灰中挖掘巢穴。火山灰提供了完美的孵化温度

左页图 一只雌性陆鬣蜥。生活在费尔南迪纳岛上的陆鬣蜥估计有2 000～3 000只，不过没有人知道确切的数量

易滚落，一下子就会造成山崩。这就解释了为什么对于每只陆鬣蜥来说，旅途中最大的危险其实来自同路下山的其他陆蜥蜴。陆鬣蜥是一种强壮有力、体型庞大的动物，它的体长超过1米，但面对迎头砸来的大石头或巨石，它们也无力招架。对于一些陆鬣蜥来说，这是一趟有去无回的旅程，它们会葬身于一堆岩石之下。

而那些成功保住性命的陆鬣蜥还要经过8小时的艰苦跋涉才能到达火山口底部，且它们还面临着其他挑战。虽然底部的空间可能不像火山口边缘那么狭窄，但陆鬣蜥们依然需要围绕筑巢的最佳地点展开激烈的争夺，一旦开始挖掘巢穴，雌性陆鬣蜥的领地保护意识会空前高涨。用力摆头的意思是"离远点，快走开"，无视警告就会遭到攻击，雌性陆鬣蜥会变得攻击性极强，可能会有一场恶战。

找到合适的筑巢地点后，雌性陆鬣蜥会花上几天时间进行挖掘，挖好之后，它会在巢穴中产下多达20枚卵，然后把入口掩盖起来。之后它就可以等着做妈妈了，因为火山温暖的"怀抱"会帮忙孵化下一代。它可能会在这里待上几天，不让其他陆鬣蜥靠近自己的巢穴，但它无法逃避最后的考验——返回山顶。上山的旅程丝毫不比下山更安全。总体来说，有一件事毋庸置疑：如果最终结果不值得，雌鬣蜥绝不会来此经受这样史诗般的考验。这证明了拉昆布雷火山对于孵化有多么的重要。

深入火山口

　　如果深入拉昆布雷火山口对于陆鬣蜥来说危机四伏，那么对于人类而言，这种行为无异于自杀。显然，人类的体重远大于陆鬣蜥，因此更容易引发山体滑坡和崩塌。也正因为这一点，踏足过费尔南迪纳岛火山口底部的人比上过太空的人更加寥寥。但是如果想拍摄岛上的陆鬣蜥的这种非比寻常的繁殖行为，就必须跟着它们一起下去。这绝非易事。

　　费尔南迪纳岛是科隆群岛的几座原始岛屿之一。这座岛位置偏远，荒无人烟，而且环境恶劣，气温时常超过 45℃。在岛上进行任何拍摄都需要计划数月之久，而且要和科隆群岛国家公园密切合作。火山口的边缘和底部都没有新鲜的饮用水，因此，在 15 天的拍摄期内，只能用船将所需的饮用水送过来，再由搬运工运上去。每次运送都要花上 2 天时间，路途十分艰险。由于科隆群岛国家公园对于在一定时间内可以上岛的人数有严格规定，所以每天能进行运水的次数极为有限，这让供给运送难上加难。因此，现场导演托比·诺兰必须精确计算出这段时间内 6 名摄制人员每人的用水量。正如托比所说："这意味着必须限量供水，一滴都不能浪费。"当然，不仅是水，食物、露营装备和拍摄设备也必须带上火山并带进火山口。平心而论，需要进行如此细致、军事化计划的拍摄活动少之又少。

第 226 ~ 227 页图　科隆群岛的费尔南迪纳岛，摄制组在拉昆布雷火山的火山口边缘扎营。他们搭起帐篷几天后，用无人机拍摄火山口，画面显示营地周围有一条放射状的裂缝，这可能是之前的地震造成的断层。在未来某个时刻，这一块火山墙很可能会崩落到火山口的底部

但即使准备得再周全，也无法做到万无一失。面对火山，有些事情就只能听天由命了。就在摄制人员抵达前一周，拉昆布雷火山爆发了，熔岩从火山的一侧喷涌而下。幸运的是，并不是我们计划要走的那一边，所以经过深思熟虑，拍摄计划继续进行了。

登上这座岛屿的唯一方式就是乘船。摄制人员带着补给好不容易上岸后，下一步就要把所有东西都搬到火山口边缘——这将耗时 10 个小时，沿途还要穿越许多非常危险的地形。在向山顶进发之前，摄影师兼科隆群岛专家理查德·沃勒坎姆抬头望着云笼雾罩的火山口，对团队的其他成员揶揄道："只有疯子才会想去那种地方。"理查德曾费尽千辛万苦爬到了火山口边缘，但从未进入过火山口。

摄制组背着装备和补给爬了一路，登顶时已经精疲力尽，就在距离火山口只有 10 米的地方搭起了帐篷。大家当时都认为这段距离已经足够了，直到几天后看到了用无人机拍摄的营地才感到后怕。无人机拍摄到的画面中，营地的安全隐患暴露无疑。摄制团队营地所在的边缘位置实际上是火山墙上的一个巨大楔形结构，看上去好像随时都可能崩落，坠入深渊。当然，根据地质学上的时间尺度，这种状态可能已经维持了很长时间。所以，回归理性，我们提醒自己，在我们登顶的

那一周发生灾难性事件的概率非常低。但其发生的场景仍然在我们的脑海中反复上演。

火山爆发往往伴随着地震，我们到达前不久这个地方就发生了一次火山爆发，并记录到了里氏 9.0 级的地震。后续的余震会导致我们扎营的火山口边缘发生变形吗？这种可能确实存在，即便没有地震也可能会发生。

白天，地面吸收了大量热量，一到晚上就会冷却收缩，松动的岩石从火山口的斜坡上轰然滚落，发出可怕的巨响，将摄制组从梦中惊醒。在谈起一次特大滑坡时，理查德说，"当时我以为我们要落入深渊了，我冲出帐篷，以为周围会是一片混乱。发现我们其实很安全后，我走到了火山口边缘，试着辨认哪里发生了滑坡。在满月的照耀下，我看到有大量的石头掉了下去，一团巨大的灰尘仍在火山口底部翻腾着，我们原定过几天去扎营的地方也被笼罩其中。"

尽管在火山口边缘扎营已经让人胆战心惊，但摄制组清楚，通往火山口底部的旅程才是最危险的——对陆鬣蜥来说也是一样。第一个任务是找到一条下行路线。为此，摄制人员都把目光投向了杜伊·德·罗伊。杜伊是一位世界闻名的野生动物摄影师、自然学家和作家，从小就在科隆群岛长大，很少有人到了 66 岁还能像她一样强健。她首次发现并记录了陆鬣蜥爬下拉昆布雷火山的火山口并在底部筑巢的行为，也是极少数曾到过火山口底部的人之一。她之前走的那条路早已

下图　摄影师山姆·斯图尔特在拍摄一只正向火山口底部爬去的陆鬣蜥。山姆戴头盔是为了防止被落石伤害——这在拉昆布雷火山很常见

上图 在费尔南迪纳岛的拉昆布雷火山口边缘露营，距离火山口底部 800 米。直到摄制人员开始用无人机进行拍摄，他们才意识到营地周围的地面上有一个大裂缝。这部分火山墙迟早会落入深渊

消失，但苦苦搜索之后，她还是找到了一条路，不过没人能确定这条路的安全性。

一边沿着松散的火山岩斜坡往下爬，一边担心火山再一次突然爆发已经非常糟糕了，更不用提巨石真的可能会崩塌砸下来。从摇摇欲坠的巨石堆下走过时尤其危险。所以，既要担心重达几吨的岩石滚滚砸来，又要专注于这次旅行的初衷——拍摄往下爬的陆鬣蜥，这实属不易。

值得庆幸的是，所有摄制人员都毫发无伤地到达了火山口底部，这让所有人都大感欣慰。每个人都自然而然地认为探险最危险的部分已经过去了。但就在那时，附近的伊莎贝拉岛上的奇科火山爆发了。很快，风向变了，将奇科火山喷发出来的刺鼻毒气吹到了费尔南迪纳岛。蓝色的气团沉入火山口，很快就变得非常浓厚，我们几乎看不见周围的帐篷。尽管做了大量详尽的计划，但这还是让我们始料未及！我们意识到自己被困住了，为了防止有毒气体在肺里凝结成硫酸，我们只能透过湿布呼吸。在这样的能见度下，没有任何直升机能够展开救援，而在黑暗中试图爬出火山口也无异于自杀。所以我们别无选择，只能等待，期望风向会发生改变。凌晨 3 点情况终于有了转机，风向发生变化，带来了新鲜空气。正如第二天早上托比所说的："早餐的炒鸡蛋从来没有这么美味过！"

"吸血鬼"的故事

　　火山也塑造了地球物种的多样性，随着时间推移，火山爆发形成的新陆地为新物种的进化提供了完美的平台。科隆群岛就是一个颇负盛名的例子。这座群岛上有一种古老的雀科物种，通过所谓的适应性辐射的过程，已经演变出了 13 个新种类，这就是一个典型例子。

　　科隆群岛的地雀大家庭加入了最新成员，它们生活在一座荒无人烟的偏远小岛——文曼岛上（对于这种小鸟来说，这里的生存环境极其恶劣，就连摄制组也为之头疼，因为要登上这座岛，就要从科隆群岛的第二大岛圣克鲁斯岛出发，历经整整 12 小时的船程）。没有人知道第一只地雀是何时出现在文曼岛上的，但毫无疑问，这些漂流者（有人认为尖嘴地雀是从科隆群岛南部的其他岛屿飞过来的）在它们的新家中面临着陌生的挑战：一座不到 0.8 平方千米的小岛，以及一座死火山的残迹。

下图　科隆群岛的文曼岛上的一对对橙嘴蓝脸鲣鸟。在远洋上捕了一天鱼后，这些橙嘴蓝脸鲣鸟回到了岛上，它们用喙相互触碰，帮对方梳理羽毛，通过这种方式重新建立彼此之间的联系

上图 一只"吸血雀"在橙嘴蓝脸鲣鸟的身上吸血。这种地雀会啄断橙嘴蓝脸鲣鸟的大飞羽让血流出来。它们之所以会做出这种和雀科毫不相干的举动，是为了适应岛上无水无粮的匮乏生活。奇怪的是，橙嘴蓝脸鲣鸟似乎并不介意

地雀通常以种子、昆虫和花蜜为食，文曼岛上并非没有这些食物，但数量稀少，不足以果腹。因此，为了在文曼岛上生存下去，尖嘴地雀不仅必须适应这种环境，还需要开辟另一种食物来源。橙嘴蓝脸鲣鸟是文曼岛上的暂住民，它们每天在小岛和海上觅食地之间往来穿梭。这些暂住民为尖嘴地雀提供了一个完美的解决方案。

只要选对时间，用不了多久就可以目睹鸟类离奇的行为特征之一，这种行为放在这种看起来像家雀一样天真温和的小鸟身上显得尤为怪异——为了满足饮食需要，文曼岛的尖嘴地雀竟然会吸血。这种小鸟会跳到橙嘴蓝脸鲣鸟长长的尾羽上，选择较为粗壮的飞羽，不断啄羽毛基部，直到啄出伤口，流出鲜血。然后，它就会舔食血滴，或者用喙从被血浸透的羽毛中取食鲜血。这就是为什么这些小鸟被称为"吸血雀"，它们在科学上被视为一个独特的物种。

令人惊讶的是，大多数橙嘴蓝脸鲣鸟似乎并不介意自己的尾巴上附着一个"吸血鬼"。这就引发了一个问题：为什么不介意呢？一种理论认为，这种吸血行为可能是从某种有益于橙嘴蓝脸鲣鸟的举动演变而来的，比如为它们去除寄生虫。因此，人们推测，橙嘴蓝脸鲣鸟仍然以为这种小"吸血鬼"正在为自己提供服务。

火山

231

死而复生

火山岛并不会永远存在。当火山不再活跃的时候，岩石就会慢慢地被风雨侵蚀——和地球上的其他任何地方无异。更重要的是，陆地自身的重量会让这些岛屿沉入海底。故事通常就到此为止了，但也有例外。在热带地区，大多数岛屿周围都环绕着珊瑚礁，它们的生长离不开阳光。因此，随着岛屿下沉，浅滩上逐渐形成了暗礁。最终，原来的火山岛只剩下一个被岸礁围绕的潟湖。一个环礁就这样形成了。

所有环礁的形成都归功于火山。目前，热带海洋上分布着 400 多个形状、大小各异的环礁。位于印度洋的亚达伯拉环礁占地约 160 平方千米，是世界第二大环礁。人们认为这座岛屿出现在大约 2 000 万年前，在 20 万年前变成了环礁。

今天，亚达伯拉环礁在政治上属于 1 190 多千米之外的塞舌尔。如果乘飞机前往，就要花大价钱包机去阿桑普申岛，然后再坐一个小时的快艇才能抵达。另一种选择是在船上艰难地捱过四五天（乘船的唯一理由就是为了控制成本）。亚达伯拉环礁地处偏远，这是地球上难以接近的环礁之一。而且，经过近 50 年的保护，它也是极具原始风貌的环礁之一。戴维·阿滕伯勒爵士称其为"世界奇迹之一"。

除了岛屿一隅的小型科学基地之外，亚达伯拉环礁杳无人迹。如今，它成了一些独特物种的重要避难所。例如白喉秧鸡，这是印度洋上仅存的不会飞的鸟类（这显然是一个迭代进化的例子，这种不会飞的秧鸡已经是第二次出现在这座岛上了，而第一批秧鸡则在 13.6 万年前就已经灭绝）。这座环礁也是该地区最后一群巨龟的家园。

亚达伯拉象龟也曾一度濒临灭绝，但如今生活在环礁上的象龟已有 10 万只。在亚达伯拉环礁，象龟的身影随处可见：它们会出现在松树林和红树林中，在凹凸不平的香菇状石灰岩上，在海岸边的木麻黄树下，有时也在海边的金色沙滩上。象龟重约 250 千克。1874 年，查尔斯·达尔文和一些著名博物学家们给毛里求斯总督去信，呼吁人们保护这些不可思议的爬行动物。那时，最古老的象龟已超过 200 岁，甚至还在环礁中漫游。博物学家尤其关注岛上的红树林开发计划。正如信中所言："如果该项目投入实施，或者这座岛屿被人类占用，我们所忧虑的情况就不可避免了：这片有限区域内仅存的所有象龟都会被雇工赶尽杀绝。"幸运的是，总督注意到了这封信，将这个计划搁置了。

象龟可以一连好几个月不吃不喝，这让它们完美适应了一向缺乏食物和水源

右页图·上 位于印度洋的亚达伯拉环礁占地约 160 平方千米，是世界第二大环礁。除了一个小型的研究基地之外，亚达伯拉环礁杳无人迹，与世隔绝

右页图·下 象龟正朝着珊瑚洞的阴凉处进发。亚达伯拉环礁的气温可以高达 40℃，这对象龟来说热不可耐。所以在旱季，每天早上约 9 点，这些笨重的象龟就会纷纷赶往阴凉处

的亚达伯拉环礁。在一年中的某些时期，就算象龟大吃枯叶也不足为奇。但有一件事是它们的身体至今无法应对的，那就是炙热的热带阳光。亚达伯拉环礁的日间温度可以飙升到40℃以上，远超象龟活动的最佳温度。因此，每天早上约9点，象龟就会"竞相"争夺树荫，它们成群结队地聚集在一起，直到下午约4点才离开。岛屿东侧有一片名为格兰德特雷的区域，那里的树荫十分有限，因此最佳乘凉地点的争夺十分激烈。一个小小的石灰岩洞穴只能容纳大约60只象龟，而那片区域中最佳的遮荫树可以遮蔽200多只象龟。最后到达的象龟可能会试着爬到其他象龟的背上，否则就只能冒着生命危险暴露在阳光下。这座岛的石灰岩地面上四处散落着褪色的龟壳，这表明有些象龟走得离树荫实在太远，或是太晚才到达它们选择的荫蔽处。

在格兰德特雷，到了下午，象龟们纷纷从荫蔽处走出来，四散在距离大海几米远的乌龟草坪上，这片宽宽的草坪已经被它们啃短了。吃草时，它们就在被冲上岸的沙滩垃圾上走来走去。尽管亚达伯拉环礁位置偏远，但盛行洋流还是将大量的漂浮物和投弃货物带到了这片土地上。令人意想不到的是，最常见的东西竟然是人字拖。这些垃圾五花八门，从渔网和浮标到塑料瓶和各种容器，从打印机墨盒到牙刷和塑料玩具，无所不有。一只象龟在铺满塑料碎片的海岸上吃草，而这里已经是在地球上最具原始风貌、最受保护的环礁上。这样的景象令人痛心疾首，不仅提醒我们做好废物管理和回收利用有多么重要，而且也在提醒我们地球如今的状况。但这并不是人类给亚达伯拉环礁带来的唯一需要担心的问题。

对于象龟，乃至整个亚达伯拉环礁来说，最大的危险其实来自全球变暖。和大部分环礁一样，亚达伯拉环礁的海拔只有2～3米。地势低洼意味着这座环礁尤其易受气候变化的影响：随着气候变化，冰原开始融化，海平面也随之上升。颇为讽刺的是，即使不受人类影响，火山本身也有可能导致海平面上升，因为火山就是二氧化碳的天然来源。所以，火山既可以赋予环礁生命，但也可以使之覆没。事实上，在亚达伯拉环礁的发展史上，这座岛屿至少有一次完全被海洋吞没，岛上的所有动植物无一幸免。

右图　一只亚达伯拉象龟。它们曾经濒临灭绝，如今有大约10万只象龟生活在这座环礁上。这些体型巨大的爬行动物能活200多年之久，体重约250千克

大陆漂移

熔融状态的地球内部蕴含着无穷的力量，这种内部能量又通过另一种更为强大的力量对我们不可思议的物种多样性产生了更大的影响，即所谓的板块构造或大陆漂移。

地球表面由不同的板块组成。地壳和上地幔顶部，统称为岩石圈。岩石圈包括大陆板块和海洋板块，这些板块就像拼图一样拼在一起（不过，如果把岩石圈看作一幅拼图，每一片拼图都代表一个板块，那么用一个周末把它们拼起来也不是什么难事，因为总共只有大约 17 片拼图：7 片大拼图代表大陆板块，其余的小拼图代表较小的板块）。这些板块大小不一，大到面积超过 1.03 亿平方千米的地球上最大板块——太平洋板块，小到只有 110 万平方千米的缅甸板块。

在 30 多亿年的漫长时间里，岩石圈的各个板块通过不间断的构造运动，塑造并重塑着我们的各个大陆。简而言之，地幔中的高温岩浆受热后冲上地表，并与

上图　俄罗斯堪察加半岛，熔岩和大量火山灰从托尔巴奇克火山喷涌而出

周围的下沉岩浆形成对流，当这些对流岩浆向一侧流淌开来，相邻的板块就被拉开了。这是一个相当缓慢的过程，这些板块平均每年移动 3～5 厘米，但是随着地质时间的推移，这会产生无与伦比的效果。

我们不妨以过去的 2.5 亿年为例，把这些事件想象成一组动画。最初，你会看到地球上的陆地块组成了一个超级大陆，即所谓的盘古大陆（源自希腊语，意为"整个地球"）。在接下来的 2 000 万年里——或者说动画的几秒钟里，这个超级大陆开始分裂为两个巨大的大陆地块：北部是劳亚古陆，包括未来的欧洲、亚洲和北美洲的大部分地区，南部是冈瓦纳古陆，即非洲、南美洲、南极洲、大洋洲以及南亚次大陆等地区的前身。

此后，1.35 亿年匆匆流逝，这两个超级大陆分裂成了 7 个大陆板块。这 7 个大陆板块外加南亚次大陆，被视为如今的大陆的前身。在此阶段，南亚次大陆正处于自己的进程中，独立于其他大陆。

动画的最后一个阶段涵盖了之后 1 亿年的地球未来史，展示了广袤的大陆板块大致持续到目前的旅程：北美洲向西移动，南美洲走向西北，南极洲一路向南，澳大利亚整体向东，欧洲和亚洲顺时针旋转，非洲漂向东北，南亚次大陆则继续北上与亚洲大陆相撞（这个过程诞生了喜马拉雅山脉）。

2 000 万年前的地球和现在相比所差无几，唯一的明显区别在于，北美洲和南美洲还未分离出来，而英国所在的土地仍和欧洲大陆相连。

板块构造之所以会对地球的物种多样性产生如此巨大的影响，背后原因其实很简单。盘古大陆是一个状态稳定的超级大陆，这类环境不要求物种做出适应和改变，因此生物多样性基本上一成不变。但在缓慢分离、逐渐独立的大陆上，一切都处于变化之中：新的栖息地和新型气候开始形成，环境正在不断变化，新大陆上的物种不得不寻求适应和进化。换言之，进化和多样化开始突飞猛进。

不出所料，板块边界处的火山活动最为强烈，常常导致火山爆发和地震。80% 以上的熔岩都是从板块边界喷发出来的。然而，并非所有板块都会被拉开，还有一些板块汇聚在所谓的俯冲带上。在这片区域，较薄的海洋板块会被挤到较厚的大陆地壳之下。太平洋板块周围的区域就是最好的例子，这是地球上火山最活跃的地带，被称作环太平洋火山带。这个马蹄形的火山带长约 4 万千米，分布着地球上 75% 以上的活火山和休眠火山。举例来说，这就是为什么位于亚洲板块和太平洋板块边缘的堪察加半岛会有如此多的火山。

活火山蕴含着重塑地球的强大力量，即使是那些长期休眠的火山也会对地表产生影响。

沉睡的巨兽

美国怀俄明州黄石国家公园沉睡着世界上最著名的休眠火山，65 万年前，这座超级火山曾发生剧烈喷发，火山学家将其火山爆发指数定为 8 级。没有人知道这座火山何时会再次爆发，但它远非一座死火山。这里的地下水通过地壳裂缝向下渗透，被岩浆加热，当水温达到沸点时，地下水就会在压力的驱使下涌上地表，形成间歇泉。这种沸腾和上涌的循环模式非常稳定。黄石公园的间歇泉颇负盛名，它有一个恰如其分的名字——"老忠泉"，因为这股间歇泉每隔 1～2 个小时就会喷发，喷发高度约 50 米，每天如此。

除了间歇泉，黄石公园还有其他数以千计的地热奇观，包括一个个喷气孔（火山上释放气体的喷口）、温泉和气泡泥浆池，堪称世界上最大的地热区。这些地下热量对生活在黄石公园中的一种动物来说尤为重要。这种动物就是水獭。

水獭是一种鼬科动物，过着相当快节奏的生活。它们的代谢率很高，这意味着它们需要源源不断的食物，为此它们要在河流中捕鱼。但黄石公园位于美国较寒冷的区域，气温可以降至 −30℃，足以让流速最快的水流结冰。黄石公园的河

第 238～239 页图　美国怀俄明州的黄石国家公园，一只北美水獭从部分结冰的湖中收获了战利品

下图　黄石国家公园，城堡间歇泉的硅华锥形成于 1022 年。这个间歇泉每 10～12 小时喷发一次，每次持续约 20 分钟

流原本也会变成一片冰封，但是温泉的存在让一些河流即使在最寒冷的冬天也能
保持流动。这意味着水獭一年四季都可以捕鱼。

当冬天变得寒冷刺骨，水獭的捕鱼技巧有时会吸引其他黄石居民。北美灰狼
是彻头彻尾的投机者，它们知道地热河流通常会吸引水獭，而水獭的出现则意味
着有鱼可吃。水獭喜欢在岸上享用它们的猎物，这样一来，机灵的北美灰狼就有
机会分一杯羹——不过要看运气。显然，我们在拍摄过程中遇到的北美灰狼远没
有那么聪明，它们屡试屡败，始终没能在水獭身上得手。

全世界已知有数千个间歇泉，其中许多都分布在堪察加半岛的间歇泉谷中。
到了 5 月，山谷间的土地温度回升，冰雪消融，间歇泉喷出富含矿物质的水雾，
让土地变得更加肥沃，刚从冬眠中醒来的棕熊来到茂盛的草地上大快朵颐。每年

上图　时值 5 月，堪察加半
岛的其他地区仍被积雪覆盖，
而间歇泉谷已经长出了富含
矿物质的青草，这是刚从冬
眠中醒来的棕熊急需的草料

这个时节这里是它们唯一的进食选择，因为即使是在 5 月，堪察加半岛的其他地区也覆盖在皑皑白雪之下。

　　每天早上，数十个间歇泉腾起的水蒸气充盈在小小的山谷间，多达十几只棕熊来到陡峭的山坡上和谷底吃草。它们很少互动，显然没有什么能妨碍它们享用一年中的第一茬鲜草（幸运的是，棕熊也没有兴趣和摄制组打交道，不过公园有规定，要求我们全程由一名武装管理员陪同，以防万一）。冒泡的沸水不断喷发出来，从山谷周围流过。面对这种危险，棕熊似乎无动于衷。人们几乎可以确信棕熊的爪子相当耐热，因为周围都是滚烫的流水，而它们却在山谷中信步。然而，摄影师罗尔夫·施泰因曼亲身发现，这些危险是真切存在的。

行差踏错

整整一周，罗尔夫背着沉重的摄影设备，小心翼翼地在山谷中密集的滚烫温泉间穿行。但是意外发生了，他在向后退时踩进了一片浸在沸水中的泥泞土地。他立刻感到左脚靴子上方的脚踝处升起一阵灼烧感。罗尔夫连忙脱掉鞋袜，但是小腿已经开始脱皮。烫伤看起来非常严重。显然，他需要迅速撤离此地，然而在偏远的堪察加半岛，要离开并不容易。

进出间歇泉谷只有直升机这一种选择，而且通常需要一定时间来安排。不幸中的万幸，一架直升机正载着一批德国游客向间歇泉谷飞来，这是我们来到这里之后看到的第一批游客。所以，受伤后的几小时内，罗尔夫就乘坐直升机回到了镇上，我们的当地制片人在机场接到他，直接将他送去了医院。

自然，我认为这次拍摄就到此为止了。在罗尔夫去医院的路上，我就把设备整理打包，等着第二天一早就乘直升机离开。不过，第二天傍晚，制片人发信息告诉我，情况没有原来设想的那么糟糕，在医院接受治疗后，罗尔夫已经重新上路，即将返回间歇泉谷。

罗尔夫回来后告诉了我整个经过。医生对他说这只是"一级烧伤"，需要每天更换敷料保持清洁，还要吃抗生素和止痛药。听了这些医嘱，罗尔夫很高兴还能继续拍摄。这些话是每位出外景的导演都喜闻乐见的，但这次还能继续拍摄确

上图　摄影师罗尔夫·施泰因曼在堪察加半岛间歇泉谷滚烫的水池中穿行。在拍摄后期，他失足踏错，结果小腿被严重烫伤，需要立即送医治疗

上图　进出间歇泉谷的唯一方法就是乘坐直升机，比如俄罗斯制造的双涡轮 MI-8。罗尔夫受伤后，就是乘坐这架直升机离开的

实出乎我们的意料——即使是罗尔夫也很意外。一直以来，罗尔夫都以顽强的作风闻名业界，无论外景条件多么恶劣，他都会毫无怨言地坚持拍摄。

到了第二天，我们显然不得不妥协了。尽管罗尔夫很想自己负责摄像机和三脚架，但他的伤势根本不允许。我们也不可能再坚持出事前计划的拍摄路线。即使用了止痛药，罗尔夫的脚踝显然还是疼痛难忍，所以我们调整了野心勃勃的拍摄计划，决定大幅减少走动，并减短在户外活动的时间。

我们谨遵医嘱按时更换罗尔夫烧伤处的敷料，在接下来的几天里，他的伤口看起来确实有了愈合的迹象，但疼痛仍然折磨着罗尔夫。他坚持着拍摄了几个相当不错的镜头（这些镜头还被剪进了纪录片），但当几天后拍摄结束，罗尔夫的小腿显然需要得到进一步诊断。回到德国后，他去看了一位烧伤专家，医生告诉他这不是一级烧伤，而是最严重的三级烧伤。为了防止后续出现并发症，他需要立即进行皮肤移植。最后，罗尔夫在医院待了 4 个星期。我们原定从堪察加半岛回来一周后，前往瓦努阿图的一个熔岩湖进行拍摄，但计划显然只能推迟。我以为罗尔夫可能再也不想靠近活火山附近的区域了，但 18 个月后，我们又踏上了瓦努阿图的坦纳岛，拍摄亚苏尔活火山及其令人印象深刻的熔岩湖。这再一次证明，只有意志坚定的人才能成为顶级的野生动物摄影师！

火山

地球母亲

火山给地球带来的一个主要好处就是让这颗星球变得肥沃起来。如果火山灰云恰巧被风吹到了商业航空路线上，可能会给人们带来交通不便。不过，规模最大的火山灰云可能含有 10 亿吨矿物质，例如铁、镁和钾，这些矿物质来自地核深处，落回地表后又被循环利用。这就解释了为什么火山活动最频繁的地区，土地往往也最肥沃。堪察加半岛的库页湖就因此受益匪浅。

库页湖位于一座休眠火山的火山口，它是一次火山爆发的产物，那次爆发是世界上剧烈的火山爆发之一。但是，湖畔周围还活跃着其他火山，这些活火山定期喷发，富含矿物质的火山灰使库页湖的湖水变得尤其肥沃，如今库页湖中的鲑鱼种类是地球上最丰富的，狗鲑、粉鲑和红鲑应有尽有，共计 600 余万条。其中红鲑数量最多，库页湖的红鲑比亚洲其他任何地方的都多。

湖水中富含活火山带来的营养物质，浮游生物欣欣向荣，为鲑鱼提供了丰富的食物。几次火山爆发后，鲑鱼的数量激增。它们在湖中产卵，吸引了大量棕熊

第 244 ~ 245 页图　堪察加半岛库页湖，摄影师汤姆·沃克用安装了陀螺仪稳定器的摄像系统拍摄捕鱼的棕熊

前来觅食。棕熊大多独来独往，但是一到夏天，它们就会齐聚库页湖，数量之多世所罕见，而且一待就是数周。

湖中的鲑鱼数量虽多，但在产卵季初期抓到一条鱼并不容易。一开始，棕熊在水中跑得水花四溅，却常常一无所获。看着一条条鲑鱼在面前游来游去，棕熊们显然无法无动于衷，尤其是那些缺乏经验的。然而，在产卵季之初，最聪明老到的棕熊会采取截然不同的方式。它们会远离鱼群游到湖中央，然后潜到水底寻找死鱼。据说世界上有些地方的棕熊不喜欢把耳朵弄湿，但库页湖的情况却大不相同。在这里，经验老到的棕熊会潜水寻找鲑鱼的尸体。下潜的收获可能算不上丰盛，但从湖底收集死鱼不会消耗太多热量，而且可以慢慢来。棕熊会用两种方式潜到水底：一种是鸭式下潜，即将腿踢向空中的同时划动爪子往下游；另一种是铅笔式下潜，即两只脚垂直向下，头部最后入水。很难说哪种方法更好。

到了产卵高峰期，成千上万的鲑鱼开始沿着河流网络奋力冲向上游。这时棕

熊们就会行动起来，从四面八方扑向鱼群。这时，捕鱼难度大大降低，即使那些没有经验的小熊，比如当年新生的幼崽，也加入了捕鱼的行列。面对海量的选择和机会，一些棕熊眼花缭乱，不知道该以哪条鱼为目标，抓到一条鱼后，也很难忽视其他近在咫尺的鲑鱼。通常，棕熊会把抓到的鱼扔在沙滩上，任它们活蹦乱跳，大口呼吸，然后转头继续捕捉鱼。

体型硕大的棕熊从摄制团队面前跑过，有时甚至就只有触手可及的距离，每个人都忍不住心跳加速。但这些棕熊的眼中只有鲑鱼，根本无暇顾及摄制团队，这让大家松了一口气。可能只有一次例外……外景导演托比解释道："我们听到一阵轰隆隆的奔腾声，转身就看到两只雄性小熊正向我们全速冲来。公园警卫尼科莱跳了起来，立刻在它们面前喷了一团防熊喷雾。小熊们在喷雾前停了下来，充满厌恶地嗅了嗅，就慢吞吞地离开了。结果表明，这并不是一种威胁行为。它们其实只是在互相追逐，而且一直专心争吵，根本没有注意到摄制组。"

对于棕熊来说，库页湖的鲑鱼洄游绝对是一场美味的野餐。这里的食物如此充沛，每只棕熊都可以对食物挑挑拣拣，看起来似乎有些浪费。棕熊此行的唯一目的就是尽可能多地摄取热量，而鲑鱼卵每颗都含有100多焦耳。可以说，挑食对于棕熊来说是有好处的。所以结论只有一个：堪察加半岛上的众多火山养育了数量庞大的鱼类，让棕熊的生活变得异常轻松。

不仅仅是堪察加半岛，我们的整个地球都依赖于火山喷发的来自地球内部的各种矿物质。坦桑尼亚的塞伦盖蒂平原位于东非大裂谷，如果没有这些地下能量，这里肯定会是另一番景象。坦桑尼亚的活火山（例如伦盖伊火山）喷发产生的火山灰让平原上长出了茂盛的草木，养育了地球上规模最大的动物群落。每年都有超过100万头角马向这些大草原迁徙，并在草原上的一个角落生下幼崽。这里的草料富含钙和磷，是怀孕的雌角马必需的矿物质。在这里，角马每天可以产下12 000只幼崽，也就是每小时500只，就这样持续约3周。当然，降临了如此多鲜活的新生命，必然会吸引各种食肉动物——狮子、鬣狗、野狗、花豹和猎豹，都不约而同齐聚于此。每种猎手都有不同的捕食策略，但它们的目标是一致的：在短暂的角马幼崽出生高峰期大快朵颐。这个高产的生态系统已经运行了近200万年，但如果没有地核中的矿物质定期循环，这是不可能做到的。

右页图·上　一头棕熊正在进行鸭式下潜。在产卵季初期，鲑鱼通常游动迅速难以捕捉，但经验丰富的棕熊知道，湖床上有唾手可得的食物，那里有漂过来的鲑鱼尸体

右页图·下　每年有多达600万条鲑鱼来到库页湖产卵，这也吸引了数量惊人的棕熊

第248～249页图　一头母熊带着幼崽在库页湖边玩耍——背后是伊林斯基火山。这座火山和附近其他火山的火山灰让湖水变得极富营养。这就是为什么库页湖的鲑鱼数量如此庞大

火山精灵

　　火山活动给周围的一切生命都带来了巨大的挑战，想一想火山碎屑流、熔岩流、火山灰沉积和地震等可怕的产物，这也就不足为奇了。但在非洲大地上，有一种动物已经学会了将活火山当作生存的源泉。

　　非洲最活跃的火山莫过于坦桑尼亚的伦盖伊火山。伦盖伊火山位于东非大裂谷——这个地质断层沿着非洲板块从约旦河谷延伸到莫桑比克，绵延约6500千米。伦盖伊火山北侧是纳特龙湖，这片湖泊是世界上最具腐蚀性的水体。大量化学物质不断从火山底部的地下泉水中渗出来，使湖水具有极强的腐蚀性，甚至可以灼伤皮肤。而且，湖水的温度可以突破60℃。纵观整个地球，很难找到一个比这里更不适宜生存的地方。至少，在我们的认知中是这样的。

　　东非大陆上生活着近200万只小火烈鸟，它们都会飞到这片有毒的火山湖繁衍后代。但事情远没有那么简单，只有当湖水水位达到最佳深度时，它们才有机会繁殖。所谓最佳深度，即水位要低到小火烈鸟可以在露出水面的湖心小丘上产卵。完美的水位可遇不可求，事实上，它们可能会有5年甚至更久都无法繁育后代，所以幸好这种鸟类的寿命很长（野生小火烈鸟的预期寿命为20~30年）。

　　每次湖泊可能要降到合适的水位时，小火烈鸟都会尝试产卵，但常常遇到湖水暴涨——因为降雨或是有溪流注入湖中，而小火烈鸟只能被迫放弃。可能是由于水位难以预测，小火烈鸟似乎没有特定的繁殖季。在一年中，虽然每个月都能记录到小火烈鸟的筑巢行为，但对于这些数量庞大的大型动物来说，筑巢数据却少得可怜。究其原因，在于纳特龙湖面积广阔，位置偏远，步行或乘坐普通车辆都无法通行。湖面如此广阔，从湖边根本看不到湖心的繁殖地，所以想知道小火烈鸟是否开始繁殖，唯一的方法就是定期从上空飞过俯察——这是一项颇为昂贵的任务。而在条件合适的时候，小火烈鸟就会从东非各地飞来这里繁殖。

　　小火烈鸟如何得知湖水何时会达到最适合筑巢的水位呢？没有人清楚，但有些小火烈鸟是从几百甚至几千千米之外长途跋涉而来的。到达纳特龙湖之后，成群的小火烈鸟从伦盖伊火山飞过，排成"V"字队形低低地掠过湖面。它们从950

左页图·上　东非大地上生活着约200万只小火烈鸟，它们会全体飞往坦桑尼亚的纳特龙湖筑巢。但只有当湖水水位下降，露出湖心的小丘时，它们才有机会筑巢。背景是坦桑尼亚最活跃的火山——伦盖伊火山。伦盖伊火山产生的化学物质让纳特龙湖成了世界上最具腐蚀性的水体

左页图·下　在它们的飞羽发育好之前，成千上万的小火烈鸟雏鸟会聚集在一起活动

平方千米的湖泊上飞过，向着湖心进发，湖心的苏打物质结成了大量干壳，又被大风吹到一起，形成了小丘。小火烈鸟的筑巢地就选在这里。它们这样做有着充分的理由：在湖心筑巢可以和岸边保持安全距离，而且周围都是腐蚀性的湖水，豺狼和鬣狗等陆地捕食者无法靠近。除了飞起来，成年小火烈鸟在众多非洲捕食者面前毫无防御能力，而幼鸟在刚出生的3个月连这项技能也不具备。因此，没有这片湖泊的保护，它们就更容易沦为盘中餐了。

在条件适宜的年份，纳特龙湖会吸引多达50万对小火烈鸟前来筑巢。每对小火烈鸟都会用盐水混合物建起一个土丘，这些物质会像混凝土一样变硬，雌鸟会在土丘上产下1枚蛋。建立土丘是一种保护措施，可以防止水位突然上升。此外，土丘顶部的温度也略低于地面温度。经过约30天的孵化，雏鸟就破壳而出了。它们一出生就面临着严苛的考验：即使在土丘上，温度也能突破54℃。所以，在一天中最热的时候，雏鸟会在父母的羽翼下寻求护荫。

雏鸟一出生，亲鸟就会用喙喂给它们一种富含营养的液体，这种液体包含湖中藻类养分和亲鸟的血液。一周之后，幼鸟就会茁壮起来，可以离开筑巢的小丘。幼鸟们一起组成了一个规模不断壮大的育婴所。由于小火烈鸟的筑巢行为并不同步，所以育婴所中的幼鸟体型相差很大。

每天，成年小火烈鸟都会离开筑巢地外出觅食。火山湖不仅为它们提供了一个安全的筑巢场所，还提供了它们最喜欢的食物——蓝绿藻（又称螺旋藻）。湖边的盐水中富含这些藻类。水藻繁殖能力很强，不过小火烈鸟是为数不多能将这种植物利用起来的动物之一。小火烈鸟的喙上有数千个毛绒结构——它们会用向上翘起的喙在水中左右扫过，找到水中的蓝绿藻。正是这种藻类让小火烈鸟变成

上图　迁移中的小火烈鸟。孵化后约10天，雏鸟们就开始了史诗般的长旅，从湖心一路跋涉到湖边的淡水泉。这是一段充满挑战的旅程，最大的威胁来自捕食性的非洲秃鹳，它们不会放过任何一只虚弱或受伤的幼鸟

了粉红色，它们的眼睛甚至也因此变成了这种颜色。

湖心逐渐干涸，但小火烈鸟幼鸟们仍需摄入淡水。为此，它们会离开筑巢地，在没有父母看护的情况下，开启一段将近10千米的旅程。由于所有幼鸟都还不会飞，所以这场艰苦跋涉必须徒步完成。成千上万的小火烈鸟幼鸟，不分年龄、大小一起行动，在锋利的苏打物质上和黏稠的腐蚀性泥浆中展开了一场史诗般的征程。并不是每只幼鸟都能到达彼岸。很多幼鸟在途中就筋疲力尽，付出了可怕的代价。尤其是那些体型和体力都不占优势的幼鸟，它们无法战胜泥泞。另一些幼鸟则会被包裹在脚上的硬化苏打壳拖累，这些物质会让它们的脚步变得非常笨重，一次走不出几步路。而跟不上庞大的幼鸟迁移群就只有死路一条。

等待它们的还有非洲秃鹳。虽然非洲秃鹳的长腿和小火烈鸟一样纤细，但是它们却有着罗马宝剑一样的利喙。这种大鸟有时被戏称为"送葬者"，几乎没有哪种鸟比它们长得更阴森可怖了。不幸的是，湖水中的氢氧化钠也不能阻挡这些捕食者，它们一出现就会在迁移中的雏鸟群中引起恐慌，而这正是秃鹳的目的。为了避免被更大的雏鸟踩到，最小的雏鸟会走在鸟群外围，不知不觉就进入了秃鹳的捕食范围。任何偏离雏鸟群的幼鸟都更容易成为目标。幼鸟唯一的防御方式就是奔跑，但当它被一只腿长是自己数倍的动物追捕时，这种方法就不太奏效了。如果一只幼鸟不幸被秃鹳抓住，它就会被连皮带骨整个吞下去。

当幼鸟们历尽千辛万苦到达淡水泉后，它们就能与父母团聚了。当成千上万的幼鸟聚集在一起时，亲子相认似乎是一项不可能完成的任务，但每只雏鸟的叫声都是独一无二的，它们的父母总能在雏鸟的叫喊中分辨出自己的孩子。

泥足深陷

如果说深入费尔南迪纳岛的火山口就是拿自己的生命冒险,那么接近纳特龙湖更是有过之而无不及。只有少数勇者曾经试图穿越纳特龙湖的湖心滩地。著名的东非鸟类学家莱斯利·布朗曾尝试徒步前往小火烈鸟栖息地,不但以失败告终,还差点搭上性命。他一路在没完没了的有毒碱泥中挣扎,浑身都是二度、三度化学烧伤,等他艰难地回到岸边时,整个人已经奄奄一息了。

即使从湖泊上空飞过,也可能被诱进死亡的陷阱。散落在湖边的候鸟和蝙蝠的干尸就是证明,而动物们不是唯一的受害者。2007年,一架直升机在纳特龙湖

第254～255页图 坦桑尼亚纳特龙湖,摄影师马特·埃伯哈德在拍摄掩体中拍摄小火烈鸟。左侧是摄制组的气垫船,这是穿越有毒湖泊唯一安全的方法

坠毁，飞机上的乘客无一幸免。没有人清楚这些事故发生的原因，不过人们认为，平滑如镜的湖面会制造出地平线的错觉，有时会让从上空飞过的过路者难辨真假。

和费尔南迪纳岛的情况一样，在纳特龙湖进行拍摄需要深思熟虑和详细规划。我们的摄影师马特·埃伯哈德曾在全世界的各种极端场景中拍摄，他是为数不多曾在碱水湖上进行创作的摄影师之一。在他看来，在纳特龙湖上展开拍摄对于任何摄影师来说都是一个莫大的挑战。

最大的难题在于如何穿越纳特龙湖。正如莱斯利·布朗亲身经历的那样，徒步穿过这片湖泊几乎无异于自杀。唯一安全的方法是乘坐气垫船，所以我们的首个任务就是买一艘船。装备必须提前在英国买好然后运送过去，物流需要6周时间。这是一项相当昂贵的投资，尤其是我们甚至不知道小火烈鸟是否会在我们的作业期间在湖上筑巢。

气垫船一运到坦桑尼亚，助理制片人达伦·威廉姆斯就开始每周通过卫星照片监测湖水水位，并与定期飞来这里的飞行医生探讨湖水的状况。情况就这样持续了一年。然后，就在这个项目的时间即将耗尽时，水位降到了合适的高度，成群的小火烈鸟铺天盖地涌了进来。几周后，马特和达伦在纳特龙湖上拍到了数年来规模最大的筑巢活动。

下图　马特·埃伯哈德在他的拍摄掩体周围重新放置了一组硬纸板做成的小火烈鸟。在盐滩上，这些假的小火烈鸟可以帮助伪装掩体，让这些鸟类放松警惕

下图 乘坐气垫船穿越纳特龙湖后，助理制片人达伦·威廉姆斯的身上结了一层厚厚的盐晶

　　整个过程并非一帆风顺。气垫船经常需要维修：能让船周产生浮力的织物气囊常被尖锐的硬化碱泥划破。即使是平平无奇的盐滩也像皮带磨砂机一样，将这些气囊磨得破破烂烂。因此，每隔几天就需要修一次船。幸运的是，当地的马赛族妇女们用针线拯救了我们，让气囊在整个拍摄过程中都能保持正常工作。

　　即使气垫船运行状况良好，还有其他问题等着我们去克服，比如不断变化的环境。前往栖息地的路途没有一次是重复的。板结的碱泥会像手掌一样露出水面。前一天，这些晒得硬邦邦的板结碱泥可能还可以勉强通行，第二天可能就成了无法逾越的障碍。难以捉摸的湖泊还会影响拍摄画面的连续性：前一天，潮湿的湖心可能还铺满红藻，可第二天就会变成一片棕色的干裂湖床。

　　气垫船只是往返栖息地的交通工具。为了拍摄小火烈鸟，马特仍不得不在碱湖中涉水而行，他躲在拍摄掩体中，双腿慢慢陷入黏稠、有毒的泥浆中。但正如他所说，"如果你能忍受碱酸味和嗜盐菌的硫臭味；如果你能经受眼睛刺痛、身体割伤和撕裂，以及强碱对腿部的化学灼烧；如果你能克服白色的湖盐造成的雪盲和无处不在的水银般毒辣的太阳光线；如果你能应对所有挑战，你就有机会饱览自然界极其壮观的景象。"

地狱之窗

左页图 瓦努阿图的坦纳岛，亚苏尔火山熔岩湖正在喷发。亚苏尔的熔岩湖每小时会喷发数次。目前，世界上只有数个熔岩湖——不过情况可能每年都会发生变化。2018年12月，瓦努阿图的安布里姆岛上的一个熔岩湖就在火山爆发后突然消失了

下图 亚苏尔火山熔岩湖的晚霞。据说亚苏尔火山已经活跃了800多年

　　提起活火山，大多数人脑海中都会浮现火山口底部不断冒泡的熔岩池。但是，世界上目前只有数个地方有长期存在的熔岩湖。从埃塞俄比亚到美国夏威夷，从南极洲到北美洲的尼加拉瓜，这些熔岩湖散落在世界各地。其实，原本还有位于瓦努阿图的安布里姆岛的熔岩湖，但是2018年那里发生了一次剧烈地震，导致这个熔岩湖消失了——它也是我和罗尔夫原计划从间歇泉谷回来之后就去拍摄的熔岩湖。

　　熔岩池通常形成于火山爆发之后，但往往几天或最多几周内就会冷却变成岩石。只有当熔岩在二氧化碳、二氧化硫和地下水蒸气等火山气体的作用下一直保持高温的时候，熔岩湖才会长期存在，而这种情况并不常见。

　　世界上最大的熔岩湖坐落在刚果民主共和国的尼拉贡戈火山上。目前，这片湖的直径约为700米，但它的大小和深度会随着时间不断变化。和所有熔岩湖一样，今天它可能还在剧烈沸腾，但明天就消失不见了——这就是1977年1月10日真实发生在尼拉贡戈火山的事。直到20世纪80年代初，尼拉贡戈熔岩湖才重新出现。

不考虑实际所需的时间和费用，瓦努阿图的坦纳岛上的亚苏尔火山是最容易接近观察的一座火山。据称，亚苏尔火山已经活跃了 800 多年，是世界上活跃最久的火山之一。1774 年，库克船长显然是受到了这座炽热火山的吸引才来到了这座岛上。

到达亚苏尔火山后，你可以爬到火山口边缘，顺着山体陡坡俯瞰沸腾的熔岩湖。到了晚上，熔岩在无边的暗夜中发出灼眼的光，那种景象无比壮观。湖中的熔岩会不时喷发，将火山弹喷到高空中。大多数火山弹会落回火山口，但也有一些会落在火山口边缘和山坡上。如果被火山弹砸中无疑是飞来横祸，但正如我们合作的火山学家所说："只要密切关注附近火山弹的运动轨迹，然后在它快要落下时躲开即可。"炽热的火山弹在夜间更加耀眼，这也是人们选择在晚上观看火山的另一个原因。

站在火山口边缘，身处熔岩湖的正上方，你可以真切地感受到火山蕴藏的原始力量。熔岩喷发时，你的胸口会感受到一阵阵冲击。如果仔细观察，你甚至可以用肉眼看到这些冲击波。无形的火山气体从火山口升起，它们的来去完全随风。

上图　罗尔夫·斯坦曼正在拍摄亚苏尔火山的熔岩湖。随着一团团蒸汽和火山气体从火山口底部的喷口逐渐升起，拍摄火山的机会窗口可能就要关上了

右页图　一张慢速快门拍摄捕捉到的亚苏尔火山的熔岩湖喷射火山弹的画面

无法预测

那么我们知道火山会何时爆发吗？答案是肯定的，也是否定的。一些火山学家将其比作天气预测，即并非完全不可能，但能预测的只有爆发概率。火山学家对一座火山的历史越是了解，就越有可能预测这座火山爆发的可能性。但是，能够预测的只是可能性，预测火山爆发的确切时间仍然任重道远。

2019 年 12 月 9 日，新西兰最活跃的怀特岛火山（也称为华卡里火山）突然爆发，导致 22 名游客死亡，多人受伤。这是一个典型案例。就在事发一个月前，这座火山的警戒级别从一级升到了二级，表明会有"中高强度的火山活动"。不幸的是，那天的游客没有人能预测火山到底什么时候爆发。正如奥克兰大学的一位火山学家所说："尽管火山活动增加了，但人们无法预料将会发生什么。"

我们对于火山爆发的了解大多来自意大利的维苏威火山，这是世界上监测持续时间最长的一座火山——考虑到维苏威火山距离人口将近 100 万的那不勒斯市如此之近，对其进行密切监测也在情理之中。历史上首次火山爆发的目击记录也是关于维苏威火山的，这份记录在公元 79 年由小普林尼写下。

火山即将爆发的最重要线索就是岩浆的状态。当然也有例外，怀特岛的火山喷发就与岩浆无关。在火山爆发之前，岩浆通常会上升到地表，破坏流经的岩石，从而引起一些小型地震。因此，任何地震活动都可能预示着潜在的火山爆发。岩浆上升也会导致地面膨胀——这种变化可以用 GPS 探测出来。至于那些无法接近或者太过危险的山峰，可以根据太空中卫星测量的这些火山的红外辐射和热量活动的变化进行预测——这两种因素都与火山爆发相关。此外，根据近期的研究，人们还可以通过测量二氧化碳的水平来预测火山活动是否突然增加。

2019 年，一项革命性的技术问世了，这项技术可能会彻底改变我们预测火山爆发的方式。这项技术是在已有的火山数据的基础上，通过超级计算机同时运行数百个模型对火山的状态进行预测分析。这种方式能够显著提高预测的准确性。长期而言，人们希望这项技术能够日常监测每一座火山，像天气预报一样更新火山的状态。

尽管我们在技术上取得了诸多进步，但最大的危险仍然来自那些目前没有受到监测或完全被忽视的火山。智利的柴滕火山就是一个著名案例，这座火山默默无闻了 9 000 多年，于 2008 年突然爆发。

右页图　地中海西西里岛上的埃特纳火山发生了剧烈喷发。这座火山在岛上居高临下，频繁爆发，是整个欧洲规模最大、最活跃的火山

荣枯有时

我们的生存离不开火山，但在地球历史上，火山曾屡次让生命陷入绝境。地球经历了 5 次生物大灭绝，几乎每次都与火山脱不了干系。地球有史以来最严重的大灭绝事件发生在二叠纪和三叠纪之间，在几万年的时间里（尽管在地质尺度上只是弹指一挥间），地球上绝大部分物种都消失了。罪魁祸首可能是一个被称为西伯利亚大火成岩省的火山系统，它位于今俄罗斯中部，曾引起持续不断的火山喷发，将一片相当于美国大小的区域深埋于 500 米深的熔岩之下。更重要的是，这一系列火山爆发释放了大量温室气体和有毒气体，污染了陆地和海洋，据估还导致地球的温度上升了 10℃ 。

无独有偶，强有力的证据表明，白垩纪接连不断的火山活动（比如印度的德干大火成岩省就是当时火山活动留下的痕迹）给了危机中的恐龙致命一击。众所周知，尽管撞击尤卡坦半岛的小行星让恐龙们陷入了严重混乱，但如果没有德干大火成岩省的火山爆发，恐龙们很有可能会渡过难关。根据该理论，这颗小行星

第 264 ~ 265 页图 肯尼亚安博塞利国家公园里的非洲草原象，背景是非洲最高峰——坦桑尼亚的休眠火山乞力马扎罗山

的撞击使火山活动大规模增加，而且持续了整整 30 万年，对气候产生了极其恶劣的影响，就如二叠纪的西伯利亚大火成岩省那样。所以，如果说小行星撞击是致命的枪，那么德干大火成岩省的火山爆发就是夺命的子弹。（实际上，关于恐龙灭绝的主要原因，至今仍存在争议）这次大灭绝带来的唯一好处就是，非鸟类恐龙的灭绝给了包括人类在内的哺乳动物一个崛起的机会。

复杂精妙的人类文化在一个火山活动和气候状态都较为稳定的时期——全新世，得到了长足的发展。这并不是巧合。在过去的 1 万年中，地球生命一直与火山和谐共处（除了像坦博拉火山和皮纳图博火山爆发造成的短暂混乱），要不是人类向大气中排放了大量的碳，这种状态很可能会持续更长的时间。参考二叠纪和白垩纪的屡次大灭绝，二氧化碳的危险性不言自喻，然而我们向大气中排放的二氧化碳是今天地球上所有火山排放量的 60 倍。人类可以说是一种"新型火山"，可能导致第六次大灭绝。

人类
HUMANS

完美背后

近年来，大自然频繁地向人们昭示自己的力量。2019年3月14日，飓风"伊代"袭击了莫桑比克，导致数百人死亡，将马拉维、莫桑比克和津巴布韦的78万公顷农作物彻底摧毁，造成了约20亿美元的损失。这是有记录以来致命程度名列第三的飓风。5个月后，热带风暴"多利安"在8月28日猛烈袭击加勒比群岛，其风速接近每小时300千米，达到5级特大飓风水平，这是有记录以来第二大规模的大西洋飓风，据估造成了90亿美元的经济损失。同年10月12日，台风"海贝斯"在日本登陆，引发了特大洪水，导致98人死亡，损失据估超过150亿美元，这是日本历史上经济破坏第二严重的台风。这次台风也延续了近期的趋势——从1950年以来，日本最具破坏性的3次台风都发生在这短短2年内。

美国中西部也感受到了强劲大风的力量，该地区经历了过往10年以来同时期最活跃的龙卷风季。仅在2019年5月，就确认了556次龙卷风登陆——这一数字在单月记录中排列第三。

2019年11月，意大利威尼斯经历了50多年来最严重的一场洪水，该市水位

下图 2019年，飓风"伊代"扑向莫桑比克和津巴布韦。这是非洲有记录以来最致命的热带风暴之一

上图 飓风"伊代"过后的鸟瞰图，可以看到它在莫桑比克的贝比都附近造成的破坏

达到有记录以来的第二高，80% 以上的区域被淹。这一年，全球其他许多国家也遭受了近年来最严重的洪灾，包括阿根廷、澳大利亚、加拿大、美国、乌拉圭、伊朗和英国。

气温也不断攀升。2019 年 6 月，欧洲大陆迎来了历史上最大规模的热浪，法国和安道尔的气温创造了有史以来的最高纪录。巴黎连续 34 天没有降雨，这是当地有记录以来的最长干旱期。6 月的酷热过后，7 月的热浪接踵而来。于是，2019 年的夏天成为欧洲历史上最热的夏天（统计时间截至 2019 年 12 月 31 日），比利时、德国、卢森堡、荷兰、挪威和英国的气温都创下了历史最高纪录。南半球国家也一样"水深火热"。

例如，新西兰经历了创纪录的高温，澳大利亚同样未能幸免，其夏季平均温度抬升了近 1℃，创下了历史最高纪录。澳大利亚还出现了有记录以来的单日最高温（事实上，澳大利亚记录上气温最高的 10 天中有 9 天都出现在 2019 年），以及地球上温度最高的 12 月。根据可靠测量数据，澳大利亚纳拉伯记录到的最高温为 49.9℃。对于人类来说，最舒适的体感温度在 18 ~ 24℃ 之间，超出这个范围，脱水和死亡的危险性就会增加。

人类

上图 在澳大利亚维多利亚州东吉普斯兰郡的格兰帝佩，森林大火之后，一只考拉正在桉树上接受兽医的近距离健康检查

左页图 一只东部灰袋鼠妈妈和她的袋鼠宝宝身处烧焦的森林中。它们是澳大利亚维多利亚州马拉库塔的一场大火中的幸存者

　　2019 年，美国加利福尼亚州共有 7 860 起火灾记录在案，这些火灾烧毁了超过 10 万公顷的土地。炎热干燥的天气也使澳大利亚遭遇了有史以来最严重的火灾事件，将 607 万公顷土地化为焦土，也对野生动物造成了巨大的附带伤害。据估，约有 5 亿 ~ 10 亿只动物在这些火灾中丧命。

　　显然，对于人类和大自然而言，2019 年是艰难困苦的一年，飓风、洪水和火灾接连不断地发生，但是能说这些事件只是巧合或者走背运吗？事实上，这些灾害事件本身完全是自然现象。例如，飓风可以将热量从赤道传输到两极，而澳大利亚的桉树林本质上就非常易燃。不正常的是这些事件的严重性和发生的频繁性。过去百年一遇的极端热浪和洪水，如今每年或每两年就会在世界上的某个地方发生一次。如今，你只需要留意一下"自有记录以来"这几个字的使用频率有多高，就会意识到我们经历的严重灾害有多频发。统计数据根本不乐观。

　　自 1880 年以来，最近 6 年是全球最热的 6 年。以 20 世纪 80 年代为起点，每 10 年都比上一个 10 年气温更高。2019 年的年平均气温比 19 世纪工业化前的

气温高出 1.1℃。这种变化听起来可能并不显著，但是要想找到一个比现在更热的时期，就必须远远地回溯历史——实际上，根据极地冰芯的数据，要回溯到 1 万年前。

　　可以想见，气温上升会对北极洋的海冰产生何种影响。在过去的 13 年中，海冰总量下降到了有记录以来的最低水平。科学家们预测，到 2030 年，北冰洋的海冰在夏季有约 50% 的概率完全融化。没有冰，就无法将夏天的阳光反射回太空，从而导致地球的温度进一步升高，温度提高的幅度相当于以目前的速度燃烧化石

BBC 完美星球

第 274 ～ 275 页图　仲夏时节，一群食蟹海豹聚集在南极半岛的碎冰上

燃料约 25 年产生的排放量。这种恶性循环也体现在北极永久冻土的指数级融化中，据估冻土中存储着多达 1.7 万亿吨的碳，是目前大气碳含量的近 3 倍，一旦释放出来将会导致传说中的临界点加速到来。而如果超过这个临界点，地球的气候可能就再也无法挽救了——至少对于人类来说是这样。

　　我们目前的处境岌岌可危——这是我们这个时代最重要的故事。

人类

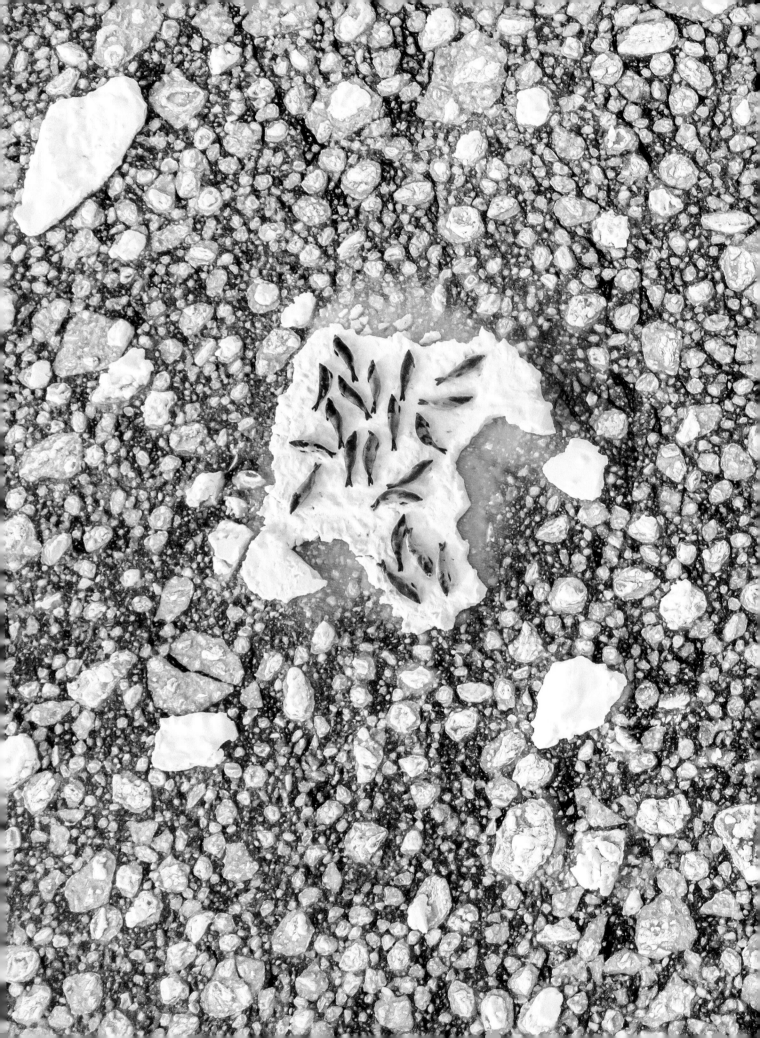

看不见的气体

显而易见，地球正在迅速变暖，这无疑要归咎于人类，我们对于这颗星球产生了相当重大的影响。基于此，科学家们提出，我们已经进入了一个新的地质时代。在全新世，地球从第四纪冰期中恢复了生机，现在是时候与这个时期告别，进入所谓的人类世了。在这个时期，人类已经成了这颗星球上的主要力量，而这对地球来说未必是一件好事。事实上，我们现在是地球上数量最多的哺乳动物之一（仅次于褐家鼠），上个世纪的人口增长速度尤为惊人。

1803 年，经过近 20 万年的演进，全球人口最终达到了 10 亿。1927 年，人口数量达到了 20 亿。1975 年，全球人口已达 40 亿。1987 年，人口则达到了 50 亿（再次强调，人口达到 10 亿用了整整 20 万年，但是从 40 亿到 50 亿，只需要短短 12 年）。如今，人类总人口数已经接近 80 亿。近年来，虽然人口增长率正在逐渐下降，但目前的增长率仍约为每年 1%，也就是说，到 2083 年，全球人口预计将达到 110 亿。

人口的快速增长不可避免地挤占了野生动物的生存空间。自 1970 年以来，60% 的哺乳动物、鸟类、鱼类和爬行动物都在人类的影响下消失殆尽。如今，地球上 70% 的鸟类是家禽，96% 的哺乳动物是人类和人类蓄养的家畜。野生哺乳动物只余 4%。

考虑到我们人类乱砍滥伐，大肆开垦草原，种田放牧，破坏湿地，以及在海

第 276 ~ 277 页图　英国诺丁汉郡的拉特克里夫昂索燃煤发电站，一座座冷却塔是这里的主要风景

洋中过度捕捞等种种行径，野生动物不断减少也许并不令人意外。但是，更大的威胁来自我们的能源获取方式。

无论是运输、取暖，还是家用物品的制造，现代人类生活的方方面面几乎都依赖化石燃料的燃烧。正如美国经济学家、自然资源保护主义者杰里米·里夫金所说："问题就出在这里。在过去的两个世纪里，我们将石炭纪的"植物"从地下挖了出来，它们的遗骸以石油、天然气和煤炭的形式为我们所用。在这些化石燃料的基础上，我们得以创造了整个工业文明。"现在我们才知道，这需要付出巨大的代价。

当火山爆发的时候，当火焰熊熊燃烧的时候，或是当我们燃烧化石燃料的时候，一种无色无味的气体被悄然释放到了大气中。这种气体被称为二氧化碳（CO_2）——一个碳原子和两个氧原子的结合。地球上的所有植物都离不开二氧化碳，它们通过光合作用从空气中吸收这种气体。事实上，这种碳循环是地球生命的立身之本，它为所有生物提供了生存基础。由于地球是一个封闭系统，因此地球上的碳含量是恒定的，但其存在方式却会发生变化。大部分碳元素储存在岩石和沉积物中，其余的则以二氧化碳的形式存在于海洋、生物体或者大气中。当二氧化碳的含量超过生命所能吸收的范围时，它就会积累在地球的大气中。日渐清晰的是，我们扰乱地球碳循环的行为其实是自掘坟墓。

纵观全球，我们每年向大气中排放 360 亿余吨二氧化碳，而且这一数字还在逐年增长。2018 年，二氧化碳浓度达到了一个新高——0.041 2%，比工业革命时期增长了约 0.012 5%。这是几百万年以来的最高水平。上一次二氧化碳浓度如此之高的时候，海平面比现在高出 15 米 ~ 20 米。二氧化碳的浓度升高之所以如此危险是由其特性决定的。二氧化碳是一种温室气体，它会吸收太阳散发出来的热量，而只将少量太阳辐射反射回太空，这样的结果就是地球变暖。不断上升的环境温度正在威胁着我们脆弱的自然平衡，比如天气或洋流。

人类活动就是气候变化背后的原因，这一点铁证如山，只有最冥顽不灵或自欺欺人者才会否认。如果我们想窥探未来，只需要回顾一下地球的过去。

在地球长达 46 亿年的历史中，至少发生过 5 次大灭绝事件，多数大灭绝事件都有一个重要因素，那就是灾难性的火山爆发导致二氧化碳浓度飙升。地球上迄今为止最大的灭绝事件发生在约 2.5 亿年前。起因是西伯利亚大火成岩省爆发了大规模火山活动，导致全球过热。这一系列火山活动将大量的碳排放到大气中，导致全球气温大幅抬升。这次大灭绝事件几乎将地球上的生命彻底毁灭。

如今，人类的二氧化碳排放量比所有火山加起来的 100 倍还要多，速度甚至超过了二叠纪的西伯利亚大火成岩省大爆发。我们现在的所作所为如同一座超级火山。科学家们估计，按照这种速度继续排放二氧化碳，再加上我们因为破坏栖息地、过度捕杀野生动物、污染环境对地球造成的其他破坏，各个物种正在以正常速度的 1 000 ~ 10 000 倍从地球上消失，每天都有多个物种彻底灭绝。这就是为什么许多专家认为我们正在经历第六次大灭绝。

右页图　位于加拿大艾伯塔省的一家原油生产公司的工厂

干旱降临

随着全球天气模式变得越发反复无常，野生动物们面临的挑战也日益增加。尤其是在非洲，气候变化导致降雨减少、阴晴不定。人类的所作所为导致地球迅速变暖，随之而来的是严重的干旱，许多动物的生存都受到了威胁，尤其是著名的非洲象。几十年来，它们的栖息地不断缩小，还面临着被偷猎的威胁，生存压力非常大。

在过去几年中，肯尼亚发生了一场自20世纪70年代以来最严重的长期干旱，致使数百头非洲象死亡。长时间缺乏降雨，水坑和河流都逐渐干涸，食物和水也随之短缺起来。一头成年非洲象每天需要摄入约200升水，吃掉多达200千克的食物。在干旱天气中最受影响的往往都是年迈的非洲象或者带着小象的母象，它们守着日渐干涸的水源无计可施。谢尔德里克野生动物基金会拯救了几十头小孤象，在它们身上足见问题的严重性。

"当我们找到它们的时候，它们的处境非常糟糕。没有了母象和象群的保护与支持，小象们的身心都受到了严重的伤害。"安杰拉·谢尔德里克说，"有些小象来到这所孤儿院的时候已经濒临死亡。在我们拍摄期间，一头2周大的小象被送到了这里，它需要接受医疗干预，包括打几天点滴。没有人知道它的家族究竟遭遇了什么，但这只刚出生不久的小象被发现时包括脚在内的全身都被晒伤了。幸运的是，现在它已经完全康复，正在学习野外生存所需的技能。"

在这所孤儿院里，有一组专职饲养员负责照顾这些小象，他们24小时为小象们提供帮助。据本章的制片人和导演尼克·肖林－乔丹说，照顾一头小象需要付出巨大的努力，这与照顾一个刚出生的人类婴儿所差无几（他有不止一个孩子，所以很有发言权）。

每天，饲养员们会为每头小孤象准备8大瓶2～3升的牛奶，有时甚至更多。在喂食的间隙，他们会和这些小象一起玩耍，帮助它们消耗多余的能量。饲养员们甚至会在当值的时候和小象们睡在同一个房间，还会在寒冷的夜里给小象盖上毯子，给它们保暖。这种全天候的照顾会一直持续到它们四五岁，之后它们就可以回到自己的出生地，开始独立生活了。到目前为止，由该基金会放归野外的孤象已超过150头。不过为了更好地生存，这些孤象现在需要生活在有人管理的保护区，当干旱再次来临时，人们必须去那里补充水源。

遗憾的是，对于安杰拉·谢尔德里克和她的团队来说，拯救在干旱中陷入危

上图 肯尼亚察沃国家公园，谢尔德里克野生动物基金会负责照料的两只小孤象和它们的饲养员

机的非洲象可能仍是一个道阻且长的任务。正如安杰拉在谈到肯尼亚的情况时所说："多年来，我们目睹天气模式发生了巨大的变化——随着旱季变得越来越干燥、越来越漫长，天气模式也越来越不可预测。"她的感受也是许多长期与自然密切接触者的感受。"现在已经到了最后关头。我们只有一个家园，作为优势物种，我们应该、也必须照顾好这唯一的家园。这是我们的责任。"

人类

"绿色长城"

在各种自然力量之中，对于我们来说，变化最为显著的就是天气。原因其实很简单：随着地球不断变暖，大气中的水分也越来越多。事实上，大量排放二氧化碳会导致气温升高，而温度每升高 1℃，大气中所含的水分就增加 7%。造成的后果就是云层的含水量越来越大，出现更加极端、更加不可预测的天气事件，例如极端的 5 级飓风和特大洪水。正如本章开头所描述的，自然的力量不仅仅是狂风骤雨，还有高温、干旱和火灾。

天气变化不仅影响着野生动物，也同样影响着我们。举例而言，天气模式不断变化就意味着越来越多的土地正在变成荒漠，给生活在那些边缘地区的人们带来灾难性的后果。据说，位于非洲中部的尼日尔每年因荒漠化而失去 10 万公顷的耕地。

产生污染最少的国家似乎受到的影响最大，而且它们也最缺乏应对气候变化的准备。西非和中非北部的萨赫勒地区就是一个典型的例子。在全球变暖的过程中，这片地区首当其冲，其气温上升幅度是全球平均水平的 1.5 倍。结果就是，萨赫勒

上图　西非塞内加尔，沿着干旱的萨赫勒地区西部边缘延伸的"绿色长城"

地区正在经历着持续干旱、粮食短缺以及自然资源日益减少而引发的各种冲突。据估计，到本世纪末，萨赫勒地区的气温将上升6℃。因此，情况可能会进一步恶化。

同时，萨赫勒地区还经历着前所未有的暴力和叛乱，虽然这未必是气候变化的直接后果，但世界各地不断涌现的事件显示，这两者之间存在着强烈的相关性。不稳定的局势已经蔓延开来，引发了大规模的移民。杰里米·里夫金表示，未来50年，我们将看到"数百万、数千万，甚至是数亿人从被毁坏的家园迁移出去"。

在塞内加尔，制片人尼克·乔丹选择了严重受灾的村庄古洛库姆·泰格村进行拍摄。他把这个地方称为"女儿村"，因为有工作能力的男性几乎全都离开了村子，到附近的城市或者更远一些的国家寻找工作。留守的妇女和儿童全靠男人们打工寄回的钱维持生活，尽管这些钱远远不够。这个村子必须依靠慈善捐款和非政府组织的食物救济才能勉强度日。大部分时间，孩子们要靠一顿饭捱过一整天。

这个村庄的土地肥力流失，种出的粮食根本不够养活整个村子。但是，情况并非一开始就是这样。年过花甲的村长塞克在古洛库姆·泰格村生活了一辈子，他告诉尼克，在他年轻时，村子里可以种植各种各样的农作物，但这一切已经彻底属于过去。走在村庄中，穿过祖辈留下来的土地时，村长停了下来，抓起一把沙土，注视着它们从指缝间流过，宛如沙子在沙漏计时器中落下。

塞克村长知道他的村庄已经失去了未来。在尼克离开之前，村长在镜头前向

左页图 塞内加尔古洛库姆·泰格村的村长塞克与制片人兼导演尼克·肖林－乔丹。气候变化对古洛库姆·泰格村的影响尤其严重。如今，这片他们祖辈世代耕耘的肥沃土地变得贫瘠，种出的粮食根本不够养活整个村子

下图 塞内加尔"绿色长城"附近的科伊里·阿尔法村的菜园

世界各国领导人发出了由衷的呼吁。他说，他的乡民们已经在这片土地上耕作了数百年，他们只想将这种生活继续下去，可如今他们却被天气变化无辜牵连，尽管他们从未做过会导致这种恶果的事。他的观点很有道理：仅在 2019 年的前两周，英国的人均二氧化碳排放量就超过了 7 个非洲国家任何一位公民的全年排放量。然而，该地区的温室气体排放量还不足美国总排放量的 3%。

能够在古洛库姆·泰格村生活的时间可能不多了，但一项伟大的工程为我们提供了一种方法，可以阻止萨赫勒地区令人担忧的沙漠化趋势，以及撒哈拉沙漠的向南扩张。该工程横跨半干旱的萨赫勒地区，从最西部的塞内加尔到东海岸的吉布提，长达约 8 000 千米，旨在种植 10 亿棵以上耐旱树木，如金合欢树和猴面包树。塞内加尔境内已经种下了 1 200 万棵耐旱树木，希望这条"绿色长城"能够实现它的建造初衷，挽救目前约 100 万平方千米的退化土地。

树木可以防止地表土被风吹走，树根能够涵养水分。在塞内加尔，植树的成效已经非常显著。水井中重新充满了生命之水，粮食安全逐渐得到改善，深陷困境的村子再次繁荣起来。于是，就业被带动起来，人们的生活也趋于稳定。树木还能够通过其他方式造福人类：在生长过程中吸收空气中的二氧化碳。预计到 2030 年，"绿色长城"上的树木将封存约 2.5 亿吨碳。目前，这一进度已经完成了 15%，等到目标达成，这条"绿色长城"将成为地球上最大的"生物建筑"——是大堡礁的 3 倍大。

丰饶的雨林

树木一向是重要的碳储存体。目前，在全球范围内，森林中储存的陆地碳达到了其总量的 45%。数百万年以来，亚马孙雨林一直都是地球上最重要的碳汇，这片雨林覆盖了 550 万平方千米的土地，目前雨林中已有约 4 000 亿棵树木。这座自然宝库产生了地球上大约 1/5 的氧气，并反射了大量的太阳热量。与此同时，人们认为，世界上多达 20% 的淡水通过河流、植物、土壤和空气进行循环。事实上，这片庞大的雨林可以通过蒸腾作用自行降雨，而这些雨水最远可输送至阿根廷和美国中西部。

亚马孙雨林是地球上物种最丰富的森林，地球上多达 10% 的已知物种都生活在这里，包括大约 40 000 种植物（其中 3/4 是亚马孙雨林独有的物种）、超过 400 种哺乳动物，以及 1 300 种不同种类的鸟。随着新物种的发现，这里的昆虫种类可能会超过 200 万种。这些动物对森林的健康至关重要，因为森林需要依靠它们来授粉和播种，还要控制吃树叶的家伙。事实上，亚马孙雨林的多样性令人难

右页图　厄瓜多尔纳波省科桑加的云雾森林上空出现了一道彩虹

下图　秘鲁的马努生物圈保护区，热带低地雨林的落叶中藏着一只精心伪装的亚马孙角蛙。

以置信，这有助于确保没有任何一个物种能独领风骚，而且这座极具多样性的森林还有着其他优势。

研究表明，和物种单一的丛林相比，动物物种丰富的丛林能够储存更多的碳。动物本身也是重要的碳储存体，它们利用碳来促进肌肉、骨骼、皮毛、羽毛和角蛋白的生长。一只动物死后，如果被其他动物吃掉，它体内储存的部分碳就会转移到其他动物身上，抑或在土壤中分解。

令人遗憾的是，这片非凡的雨林正面临着日益增长的威胁。在人类活动的影响下，亚马孙雨林的面积已经缩小了约20%，这一破坏性趋势似乎还将继续下去。目前，森林砍伐的规模达到了令人震惊的地步。亚马孙雨林每30秒被砍伐的面积大小约为一个100米×70米的足球场。这相当于每天都有2 880个足球场大小的雨林从地球上消失！如今，人类乱砍滥伐所产生的温室气体达到了全球总排放量的约11%——约等于地球上所有汽车和卡车的排放量。

巴西境内拥有60%的亚马孙雨林，而在过去的50年中，1/5的雨林（约78

上图 这张巴西亚马孙雨林南端的卫星图像中，显示了多起森林火灾

下图　这张巴西亚马孙雨林南端的卫星图像中，显示了多起森林火灾

万平方千米）已遭砍伐，用于农业发展和其他开发项目。1975—1985 年，森林面积大幅锐减，此后也一直以每年约 1.4 万平方千米的速度持续减少。而在 2019 年，森林砍伐率比 2018 年同期增长了 50%，其中一半发生在保护区中，包括数百个土著部落生活的土地，这些土地约占巴西亚马孙河流域的 1/4。随着国家政府撤销了土地使用限制的相关法律，并积极鼓励农企开发森林，在过去几年中，数十万公顷森林在砍伐或焚烧中被夷为平地。美国国家空间研究所发布报告称，2019 年亚马孙地区发生了多达 8 万起火灾，这个数字触目惊心，而大部分火情是伐木工和土地掠夺者故意纵火引起的。与 2018 年同期相比，火灾次数增长了 84%——这足以引起全球关注此事，并对巴西政府施压，要求其停止这种破坏行为。

　　摄制人员表示，在拍摄《完美星球》的各个篇章期间，即使在亚马孙地区最偏远的角落，森林燃烧产生的烟雾也从未消散。为了拍摄"人类"章，制片人丹尼尔·拉斯穆森在巴西停留了数周，并亲眼目睹了几起森林破坏。他说："无论我们在哪里——陆路还是空中，所到之处皆是肆虐的大火。人们厚颜无耻地站在路上，小心翼翼地用点火器将这片森林付之一炬。"

如此大规模的森林砍伐已经对亚马孙地区的天气造成了影响，甚至早在几十年前，土著居民就开始意识到了这一点。例如，在亚马孙地区西部，雨季的开始时间出现了明显推迟，而且持续时间变短，温度升高。科学家们担心，如果亚马孙雨林的面积再减少20%，那么真的可能会到达一个临界点（按目前的砍伐速度完全有可能），一旦突破临界点，雨林就再也无法产生充足的水分来滋养这片栖息地，最终从森林逐渐变成草原。

大多数人都认同，保护地球上动植物的多样性本身是一件好事。毕竟，地球是我们目前所知唯一拥有生命的星球，我们理应珍惜地球无与伦比的多样性，并致力于保护每个栖息地的生态完整。遗憾的是，仅靠这种伦理价值，尚不足以说服那些能够影响我们野生环境的人去保护它们，即便亚马孙雨林也不例外。

然而，清楚每一片原始森林的真正价值可能才是保护它们的关键。例如，据估，在1公顷土地上蓄养牲畜或种植大豆的预期收益在25～250美元，而同样1公顷得到可持续管理的森林则可以产生高达850美元的预期收益。但是，这些潜在的经济收益仍尚未说服多数位于亚马孙地区的国家的决策者。不过，一项新推出的前沿技术也许能做到。这项技术由全球机载天文台的一个团队所主导，他们开发了一种方法，能够量化森林的碳储量。通过向树冠发射每秒50万次的高功率激光，他们可以准确地绘制出每棵树的碳储量地图。这些地图可以向其他国家展示本国森林的真正价值，并在国际社会（无论是通过国家还是大型跨国公司）的帮助下，为政府提供费用，让这些森林继续发挥作用，比如将其纳入碳抵消计划。这项研究已经表明，一直以来，我们低估了位于秘鲁的亚马孙地区的碳储量和排放量。

上图·左 巴西卡纳拉纳，人们为一个大型森林重建项目收集种子

上图·右 200多种树木的种子混合在一起，形成了一种称为"木武卡"的"超级配方"。这种内容丰富的种子混合物具有充分的多样性，为一个新的丛林种下了希望

上图·左 米兰妮·艾维士在播撒种子

上图·右 米兰妮·艾维士的团队将混合种子撒在一片被烧毁的退化土地上

想要减轻地球变暖的影响就要达成一个重要目标，那就是保护亚马孙地区剩余的大片森林，这也是为了拯救当地的土著部落和无数的动植物物种。当然，在遭到砍伐或严重退化的森林中重新植树也同样重要。

然而，植树造林是一回事，重新建造一个像亚马孙雨林那样物种丰富的雨林又是另一回事，而且难度相当高。因此，一个造林项目求助了亚马孙地区的土著人民，他们以一种革命性的方式帮忙解决了这个问题。这个项目是全球最大的热带森林恢复项目，它的目标是种植 7 000 万棵树木，建造一片覆盖 3 万公顷的新丛林。

兴谷种子网络（一家种子公司）雇佣了土著居民和当地农民来收集种子，他们发挥自己对森林的独特知识，收集亚马孙地区最重要的树种的种子。

他们将至少 200 种不同树木的种子混合在一起，制作成一种称为"木武卡"的"超级配方"，然后将其撒在每一处被烧毁和管理不善的土地上。想要种植 1 公顷新森林，就需要撒下多达 20 万颗本土树木的种子。这项技术取得了其他技术无法取得的成功，让一个健康而且多样化的新丛林开始生长发芽。植树造林可能解决不了气候变化，但它仍然可以产生显著的影响。

海量碳储存

　　人类活动产生的二氧化碳正危害着地球的另一个重要的组成部分——海洋。海洋覆盖了 70% 以上的地球表面，离开海洋生命就无法存活。在浮游植物的光合作用下，海洋向大气中输送了 70% 的氧气。海洋还能帮助地球调节温度。碳排放会向大气中释放热量，据估海洋吸收了其中的约 90%。但是，最重要的一点或许是，海洋是一种重要的长期碳汇，自工业时代以来，它们已经吸收了约 40% 的二氧化

上图　澳大利亚的大堡礁南端苍鹭岛的白化石珊瑚

碳排放量。实际上，海洋无疑是地球上最大的碳库，据估，海洋中本身就含有 40
万亿吨的碳。和陆地上的情况一样，海洋中的所有生物——从浮游生物到鲸，体
内都储存着碳。这些生物死后会随波沉到海底，再次进入碳循环。那些没有分解
就融入水中的碳会在淤泥中沉积，经过数百万年的时间形成沉积岩。这些岩石中
储存的碳比海洋中的还要多约 10 亿吨。

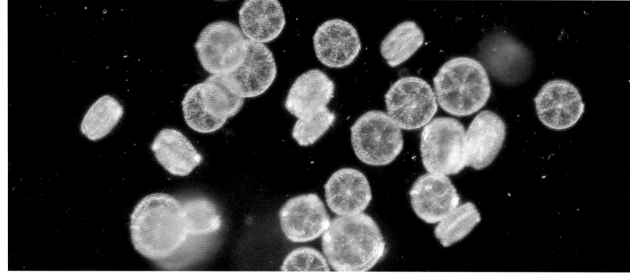

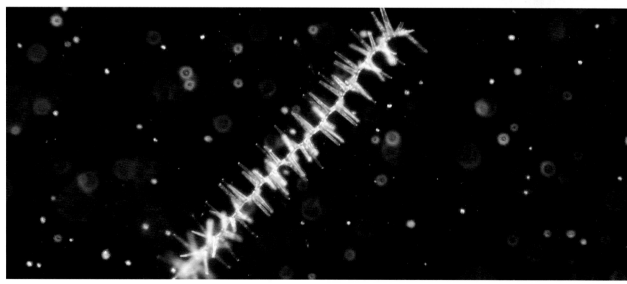

上图 法属波利尼西亚社会群岛珊瑚礁发生了一次重大白化事件。科学家们正在寻找能在高温海水中生存下来的珊瑚，用以"培育"新的珊瑚礁

左页图 浮游植物。这些微小的植物形态生物是地球上重要的生命形式之一。它们从大气中吸收二氧化碳，并为地球转化成氧气

浮游植物位于海洋食物链的最底层，这是一种植物形态的微小生物，为其他所有生物提供了存在的基础。没有它们，整个食物网就会崩溃。然而，人类活动严重威胁了浮游植物的生存。随着海洋吸收的碳排放越来越多，海水的温度变得越来越高，将表层水与富含养分的下层海水分离，导致浮游生物无法获取所需的营养物质，其结果就是全球浮游植物的数量急剧下降。据研究估计，自1950年以来浮游植物的数量下降了40%。

如果你以为只需面对海洋变暖这一个困难，那么你就错了，事实上许多种类的海洋生物还面临着其他压力。当二氧化碳在水中溶解时，就会使水变酸，而这种酸性环境能够将碳溶解，威胁着所有躲在碳酸钙外壳中的生物，包括各种各样的浮游生物、蛤蜊、海星和珊瑚。珊瑚礁是地球上最宝贵的栖息地之一，具有极其丰富的生物多样性，而海水酸化甚至可能让所有珊瑚礁消失。因为随着海水温度上升，为珊瑚提供大量食物的共生藻类会纷纷离开它们，这就会导致珊瑚白化现象。如果这一过程反复发生，最终就会导致珊瑚死亡。短短一年内，澳大利亚的大堡礁约20%的浅水珊瑚都死于高温海水。

上一次气候变暖和海水酸化对海洋造成严重的双重打击还是在约2.5亿年前的二叠纪时代，其后果就是毁灭性的生物大灭绝——多达96%的海洋物种彻底消失了。

海上巡逻

人类力量正从另一条战线冲击着海洋。在全球范围内，有多达 30 亿人以海产品作为自己的主要蛋白质来源，但经过几十年的过度捕捞，海产资源也岌岌可危。斯里兰卡海洋生物学家阿莎·德·沃斯将这种状态简洁地概括为："我们认为海洋是无边无际的，拥有无尽的资源，能够毫无限度地承受和容忍我们的一切所作所为。但事实并非如此，也不可能如此。如今，我们发现，和我们这颗星球上的其他事物一样，海洋也有极限。"

如今，大约有 400 万艘渔船在我们的海洋中往来穿梭，使用的搜寻和捕捞技术越来越高超。例如，一张围网单次就可以围捕数千条鱼，而拖网渔船每年搜捕的海底面积是美国大陆的 2 倍。自 1950 年以来，这些捕鱼技术已经消灭了约 90% 的大型海洋掠食动物，包括蓝鳍金枪鱼、大比目鱼、马林鱼和鲨鱼。这导致生活在深海中的许多种鲨鱼都面临灭绝的威胁，例如长鳍真鲨。

这一问题很大程度上在于有多少海洋得到了保护——目前仅略高于 3%。相比之下，陆地保护区的比例达到了 13%。所幸，随着海洋保护区逐渐增加，这种情况开始得到改善。第一阶段是将保护范围扩展到海洋总面积的 10%，而理想目标是覆盖 30%，这会让海洋生态系统有机会自我恢复，并且有助于增强海洋抵御气候干扰的能力。

加蓬海岸沿线建立了宏大的海洋保护区网络之一，该网络共包含 20 个海洋公园和保护区，保护范围可覆盖 5.3 万平方千米内的加蓬领海，占该国总领海的26%。这一海域对于鲨鱼、海龟、繁殖中的鲸和海豚而言至关重要。海洋保护区的相关研究表明，如果得到有效保护，海洋生物很快就可以恢复活力。保护区之外也是如此。

对于许多较为贫穷的国家而言，最大的问题是如何在缺乏海军有力支持的情况下加强海洋保护。比如那些西非沿海国家，这些国家有着全球首屈一指的渔业资源，却无法保护好这些资源。许多来自亚洲国家、欧洲国家和美国的远洋捕鱼船队都心知肚明，他们在这些水域捕鱼几乎不会被拦截。其结果就是，非法捕获在西非海域渔获量中的占比高达 40%，比例之高全世界绝无仅有。此外，来自亚洲国家、欧洲国家和美国的捕鱼船队享有大量政府补贴，当地渔业几乎不可能与之抗衡，这更加导致了整个西非沿海地区的衰落。

考虑到保护海岸线的艰巨性，加蓬政府已与保护组织海洋守护者协会达成合

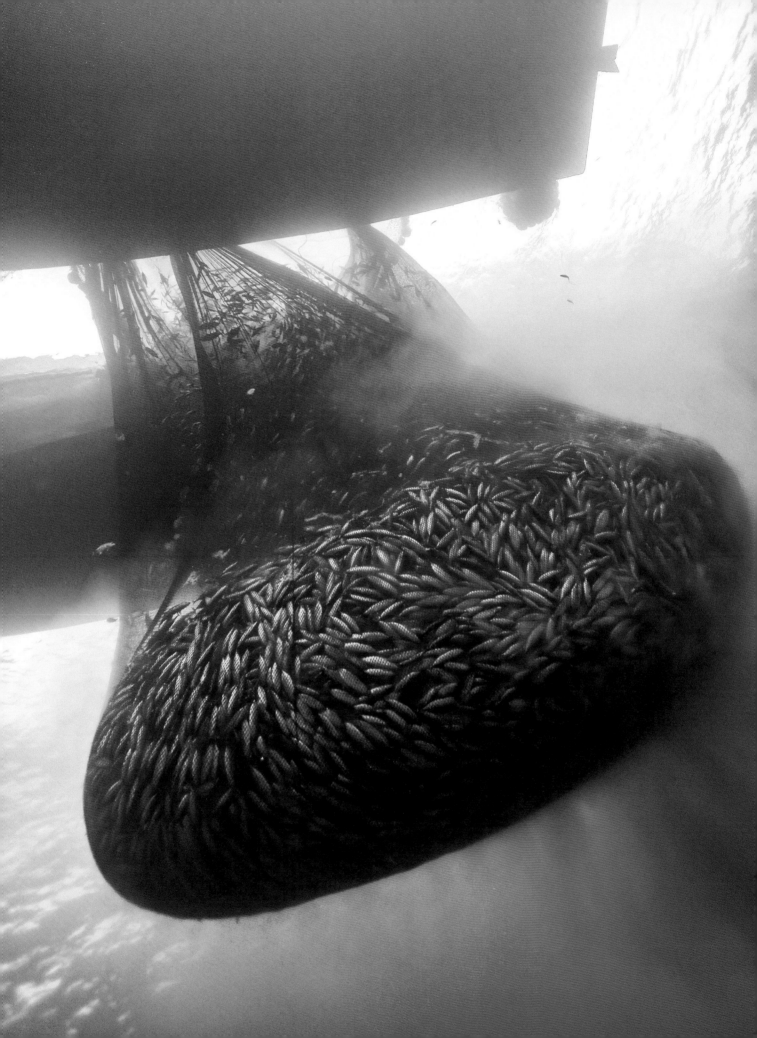

作。海洋守护者协会派出"鲍勃·巴克号"在新公布的数千平方千米的海洋公园内巡逻。它的存在本身就足以让许多外国渔船打消进入这些水域的念头,不过也有例外——尤其是涉及大型欧洲金枪鱼捕捞船的时候,据称这些渔船可以支付全部所需费用,持有所有正当的执照和文书。早前,海洋守护者协会在搭载加蓬官员在其海域巡逻时发现,欧洲的金枪鱼捕捞船每年的捕获量高达 6 万吨,但最多只宣布 1.5 万吨。

海洋守护者协会也对保护区外的渔船进行检查。因为,尽管这些船只可能持有执照,但他们的捕捞量可能会超过配额,还可能会捕捞海豚和鲨鱼等保护物种——渔网并不会对这些副渔获物网开一面。这种副渔获物数量惊人,全球每年有数百万条鲨鱼、30 万头鲸和海豚被意外杀死。不过,海洋守护者协会的巡逻队仍在发挥作用。在过去 3 年中,他们已经截获了 50 艘渔船,检查的船只已达数百艘。海洋守护者协会某次协助海岸警卫队截获了一艘偷猎鲨鱼的渔船,拯救了大约 25 万条鲨鱼的生命,否则它们就会流向依旧繁荣的亚洲鱼翅市场。

上图　全长 52 米的"鲍勃·巴克号"曾是一艘捕鲸船,如今用于在西非中部海岸巡逻,负责打击非法、无管制的捕鱼活动

登上"鲍勃·巴克号"

每次拍摄前都需要制订大量计划，我们在海洋守护者协会的"鲍勃·巴克号"上的那次拍摄也不例外。然而，尽管我们进行了各方面的组织筹备，此行的开端也并不顺利。此行的摄制人员包括现场导演埃米莉·弗兰克、摄影师保罗·威廉姆斯和录音师塔玛拉·斯塔布斯，他们深夜抵达了加蓬首都利伯维尔，只睡了短短几个小时后就和船长彼得·哈马斯泰特共进早餐了。他们睡眼惺忪，还没有从舟车劳顿中恢复过来，就听到彼得对他们说："非常不走运，这艘船目前哪也去不了。"就在前一天，加蓬总统因环境部长卷入木材走私丑闻而将其解雇，导致本应协助巡逻的加蓬海军陆战队被迫停飞。在任命新部长之前，无法开展任何行动。

为了避免任何渔船队察觉到巡逻艇的存在，摄制人员们不得不天一亮就偷偷登上几艘快艇，向"鲍勃·巴克号"驶去。摄制人员们携带了 30 箱设备，为这项工作增加了一点儿难度。一旦登船，除了等待政府的警报解除之外就别无选择了。但在利伯维尔海岸附近跟随"鲍勃·巴克号"起起伏伏至少给了摄制人员们一个适应海上生活的机会。

经过 5 天的等待，新任环境部长终于上任，"鲍勃·巴克号"可以继续巡逻了。工业捕鱼全天 24 小时不停歇。由于巡逻船在夜间更有可能拦获在海洋保护区

左页图　一艘欧洲金枪鱼捕捞船上,一名渔民正将同网捕获的鲨鱼从渔网中"解救"出去,好将它们放回大海。不幸的是,大多数鲨鱼伤势过重,根本无法存活

进行捕捞的非法船只,为了拍摄到好的画面,摄制组必须随时待命。因此,他们每晚都和衣而睡,并准备好救生衣、摄像机和电池。当然,知道警报随时可能响起,就意味着基本不可能睡个好觉。每天晚上,"鲍勃·巴克号"都会开启黑暗模式。甲板上的灯一律关闭,所有的舷窗统统盖住,这样一来,这艘船就可以无声无息地接近可疑的渔船了。

为了在船上保持身心健康,摄制人员们每天都会在直升机甲板上学习训练课程,这项训练因船只摇晃和甲板倾斜(这是在海洋守护者协会早期的一次活动中被一艘捕鲸船撞上而造成的)而变得更具挑战性。他们在吃过素食晚餐(三餐都是素食,由志愿厨师所做,埃米莉说船上的小厨房能做出这些食物是非常令人惊讶的)后,晚上的活动就是和"鲍勃·巴克号"的船员、加蓬海军陆战队队员一起玩拼字游戏。

对渔船进行检查时,需要从置于船侧的刚性充气艇上爬绳梯上船。这在波涛汹涌的海面上简直是一项壮举,何况还要背着沉重的摄像机和音响设备。幸运的是,据埃米莉说,摄影师保罗是个天生的海员,他能像"海猴子"一样敏捷地爬上绳梯。不过,这桩体力活确实给"鲍勃·巴克号"带来了另一个问题。由于一个水泵出了故障,在更换配件之前,他们只好实施严格的用水限制。因此,他们一连几天顶着正午的阳光,通过摇晃的绳梯在渔船上爬上爬下。"生活区周围弥漫着一股独特的'海鱼香水味儿',"埃米莉说,"整个摄制组人员身上都散发着这种味道。"

在摄制组参与巡逻期间,"鲍勃·巴克号"的船员们检查了两种类型的渔船:分别是来自欧洲的强大工业围网渔船和船况不佳的亚洲拖网渔船。前者是一种大型渔船,长达100多米,宛如巨大的鱼类加工厂;后者则需要船员们不得不忍受肮脏的环境。两种渔船的技术和做法都让摄制组感到震惊。正如埃米莉所说:"虽然拖网渔船对海底造成的可怕破坏是毁灭性的,而且目睹船员们糟糕的工作环境也令人难过;但最让我感到不安的是,工业围网渔船每天捕获和加工的鱼类数量竟然如此惊人。"

围网的长度超过1千米,可下达的深度达250米。它们在鱼群周围撒成一圈,再像手袋一样在底部收紧,然后被渔船拉出水面。不出所料,围网不仅能捕获目标鱼类——大部分是金枪鱼,还会捕获鲨鱼、海龟和其他各种副渔获物。"我们看到几十条鲨鱼躺在甲板上,"艾米丽说,"随后被抓着腮部从船侧扔了下去,或者被绞车吊着尾巴扔到船外。很多鲨鱼受伤过重,难逃一死。"艾米丽还看到一只被围网缠住、勒得皮开肉绽的巨大的棱皮龟,被从船尾匆匆抛下,离开了摄像机的视野。可悲的是,这种附带伤害是如今许多工业捕鱼技术无法避免的。

极地水泵

人类不仅在海洋中过度捕捞，还扰乱了海洋中一种重要的力量。强大的全球洋流从南北两极出发，把营养丰富的冷水从海洋深处输送到海面，为海洋中几乎所有生命提供了养分。但是，即便是这种如此强大的力量如今也面临着威胁。

海水在极地地区冻结成海冰时就会析出盐分，使周围海水的密度上升。当这些质量更重、盐度更高的海水下沉到海底时，表层水就会取代深层水，形成一股被称为"全球传送带"的洋流，地球上的几乎每一滴海水都会从这条洋流中流过。这条洋流会促进养分、氧气和热量在地球周围循环，完成一个完整的循环需要长达1千年的时间。但是问题来了：南北两极的海冰正在迅速融化，破坏了整个系统的稳定性。

仅在北极，每秒钟就有约14 000吨淡水流失到大海中。格陵兰岛和南极的冰盖也在以前所未有的速度融化。格陵兰岛已经损失约6 000亿吨冰，能使全球海平面上升约1.5毫米。而且，近期的一份报告显示，5年内，南极冰盖的融化速度提高了3倍。简单来说，极地冰盖在过去20年中的融化速度超过了过去的1万年。

第302～303页图　泰国湾，一条布氏鲸正张开大嘴吞食凤尾鱼。海鸟们俯冲下来捕捉从它的大嘴里逃脱的鱼

全球冰川都面临着同样的考验。举例来说，2019 年，瑞士冰川的融化量达到了其总量的约 2%。2019 年之前的 5 年内，其流失量超过了 10%，是记录中一个多世纪以来的最高降幅。

随着大量淡水注入海洋，下沉的咸水逐渐减少，极地水泵——全球传送带的引擎开始减速，这意味着围绕地球流动的营养、热量和氧气也随之减少。正如阿莎·德·沃斯所说："我们的生存依赖于海洋中持续循环的大型环流模式：富含养分的美丽冷水在海洋深处不断运动，充满了生产力。"

例如，近期针对海洋表面温度的研究表明，自 20 世纪中叶以来，强大的墨西哥湾暖流的流速已经放慢了约 15%，主要诱因即人为导致的气候变化。一些科学家的研究表明，这条对于全球至关重要的洋流可能正处于至少 1 600 年以来最弱的状态。

海洋变暖，海水中所含的氧气随之减少——一些热带海域的氧气含量降低了 40%，而在温暖海域中生活的鱼类种类也变得更少了。在过去 50 年中，死区（因

含氧量下降而海水停滞的海域）的数量翻了两番，而人类污染从陆地流入海洋，加剧了这种情况。

在泰国湾，农业化肥流入海中，导致海水的含氧量降低，对水生野生动物造成了严重影响，包括生活在泰国湾的布氏鲸。这种鲸一般通过扑食球状鱼群来进食，但现在鱼类数量锐减，不值得它们调动重达 15 吨的身体在水中游来游去，耗费大量能量。为了生存，布氏鲸必须适应这种情况。于是，它们发展出了一种新的捕食技术——几乎不需要耗费任何精力。

布氏鲸只需将头部伸出水面，然后张开大嘴等待即可。那些大部分因缺氧被困在水面而惊慌失措的小鱼会纷纷跳起来，正好落在它们嘴里。通过这种巧妙的捕食策略，布氏鲸得以解决它们现在所面临的生存压力，但对于许多其他海洋物种来说，这些变化可能发生得猝不及防，而最终等待它们的可能就是灭绝。我们目前的状况当然远没有二叠纪末期的灾难性大灭绝糟糕，当时的海水严重缺氧，导致大约 96% 的海洋生物彻底灭绝，但这并不是什么值得骄傲的事情。

上图　随着洋流在全球流动，没有一个角落能免受塑料污染。位于印度洋的阿尔达布拉岛是一座偏远的岛屿，但盛行洋流仍将大量垃圾带到了它的海岸。图片中每一只人字拖都是从照片拍摄地点的周围 20 米内收集到的

右页图　冬季，格陵兰岛东海岸形成了海冰

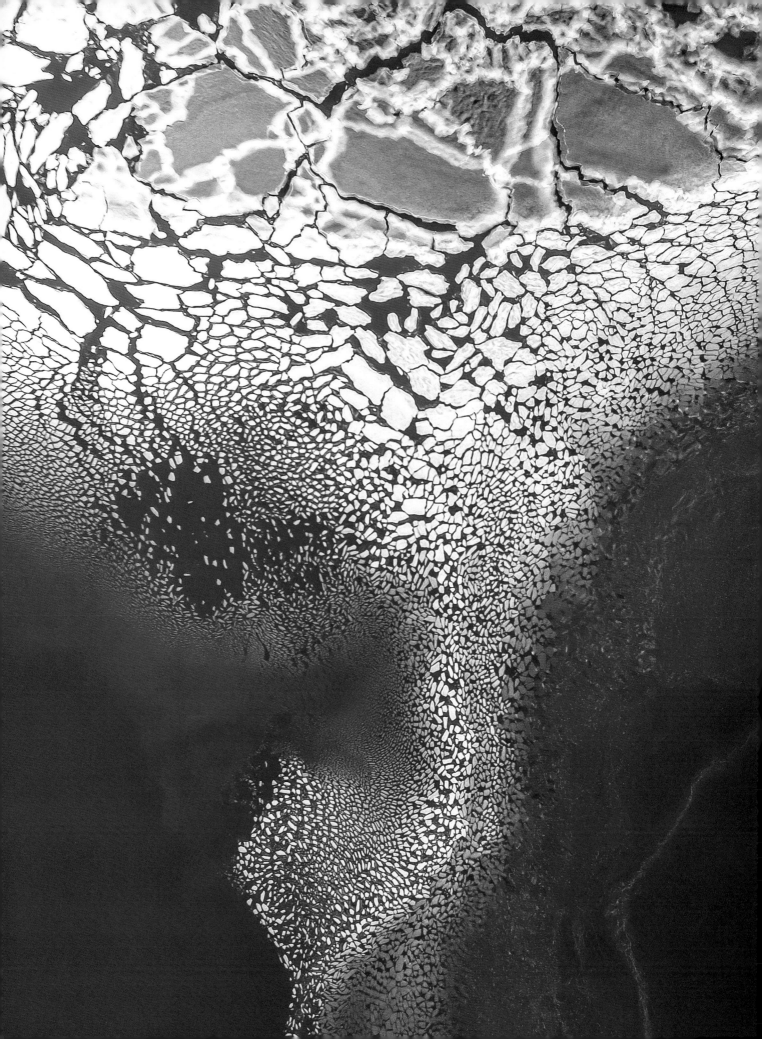

拯救肯氏龟

洋流的作用不仅仅是把养分输送到全球各地，它们也充当着许多动物迁徙时的高速公路。肯氏龟就是一个例子，它们会随着洋流在墨西哥湾的热带海域中遨游，在夏季时沿着美国海岸北上游入缅因湾。然而，最近洋流的性质不断变化，让肯氏龟陷入了麻烦。

缅因湾的沿海水域正在迅速变暖，变暖速度超过了地球上几乎任何一个地方，这对鳕鱼、蓝蟹和龙虾等当地物种产生了巨大的影响，让它们不得不向北部或深海中迁移，寻找温度更低的水域。缅因湾温暖的海水也让肯氏龟产生了一种错误的安全感，这种错觉导致它们在北部海域逗留过久，严重偏离正常路线。不幸的是，当秋天的寒意袭来，气温骤降，肯氏龟就会被困在这片对它们来说寒冷刺骨的海域中。突如其来的寒冷让它们措手不及，那些迷失方向的海龟要么被淹死，要么被大潮冲上海滩。每年这个时候都有 250 人在海滩上巡视，如果幸运的话，搁浅的海龟们会被其中一个巡视人员发现。巡视人员隶属于一个海龟应急反应小组，小组负责人也是美国马萨诸塞州科德角的韦尔弗利特湾野生动物保护区的负责人鲍勃·普雷斯科特。

在 20 世纪七八十年代，每年秋天被冲到科德角海滩上的肯氏龟还不到 10 只。现在，一次搁浅数百只都很常见，有时甚至会达到 1 000 多只。受伤的肯氏龟大多在 1~6 岁。当人们发现它们时，这些海龟的心跳往往已经非常微弱，每分钟只有 1~5 次，血液循环几近停止。它们看上去毫无生命迹象，但即便到了这个时候，它们仍有一线生机。正如鲍勃所说："一切的关键就在于时机。如果我们能在这些肯氏龟被冲上海滩的 1 个小时之内找到它们，那么我们能够拯救搁浅群体中的 90%。"然而，遗憾的是，情况并不总是那么乐观。去年感恩节，肯氏龟的死亡数量超过了 200 只。

在鲍勃的监督下，这些虚弱的动物们被紧急送往位于波士顿的新英格兰水族馆，它们在最先进的海龟急诊室接受治疗。兽医会对这些肯氏龟的身体状况进行评估——每只肯氏龟都要经过分诊。濒临死亡的海龟会被立即戴上呼吸机，以帮助它们呼吸。随后，几乎所有海龟都要服用稳定药物并进行输液。还要做的就是要给它们清除肺部积水，清洗眼睛里的沙子。在负责本章拍摄的制片人尼克·肖林－乔丹看来，这间海龟重症监护病房和真正医院中的监护病房一模一样。"必须非常安静，一切都要小心行事，以免给海龟增加任何额外的压力"。

下图　马萨诸塞州的新英格兰水族馆，一只冷休克的小肯氏龟正在这里接受治疗，有望挽回生命。兽医正在对它进行血液样本采集

　　兽医和护士需要极其小心地帮助体温过低的肯氏龟恢复正常体温，这一过程从发现搁浅海龟的那一刻就开始了。甚至，运送肯氏龟的汽车也不能太热，因为温度骤变会让它们立刻丧命。然而，一旦进了医院，肯氏龟的体温就会在约4天的时间内从12℃逐渐升高到24℃。但是，一只生病的肯氏龟完全恢复健康需要几个月的时间。在此期间。需要医护人员付出巨大的努力。但考虑到得救的肯氏龟或许还能再活50年，任何辛苦都是值得的——而且在全球范围内，筑巢的雌性肯氏龟数量已经跌至7 000～9 000只。

　　等它们完全恢复后，这些肯氏龟就会被送回南部放归大自然。回程搭载的飞机会把它们带到赖以生存的温暖热带海域。在离开水族馆之前，每只肯氏龟都被安装了无线电标记，这样一来科学家们就可以了解它们的运动轨迹，跟进它们在这个不断变化的世界中的生活状况。到目前为止，只有一只有标记的肯氏龟因为再次搁浅而回到了急诊室，所以，也许大部分肯氏龟都从之前糟糕的经历中吸取了教训。

自然力量与循环经济

如今，任何一位严肃的科学家都不会否认一个事实：人类产生的二氧化碳正在改变地球的气候，威胁着自然力量的微妙平衡。目前，地球人口约 80 亿，我们正在消耗相当于 1.5 个地球承载能力的资源。这种模式显然无法持续，而且，人口规模仍在不断扩大，为了满足人类需求，需要消耗大量能源。约有 80% 的能源都是通过燃烧化石燃料获得的，产生的大量二氧化碳改变了我们的天气模式，扰乱了至关重要的海洋系统，情况变得愈加糟糕了。那么，我们能否扭转业已造成的伤害，从此与自然和谐共处呢？方法说起来非常简单：我们需要减少消耗，大力发展清洁、可再生能源。可这说起来容易做起来难。

2015 年，世界各国共赴巴黎，就降低二氧化碳排放量达成共识。《巴黎协定》的目标是将全球平均气温升幅控制在"工业化前水平以上低于 2℃ 之内，并努力将气温升幅限制在工业化前水平以上 1.5℃ 之内"。遗憾的是，这些良好的愿景并不

下图　位于摩洛哥瓦尔扎扎特的努奥太阳能项目是世界上著名的光太阳能发电设施。200 万面反射镜将阳光转化为清洁能源，其供电量占全国电力供应的 6%

足以解决问题。如今，全球气温升幅似乎已经直逼 1.5℃的目标，比计划提前了好几年。全球多个关键监测点都对大气中的二氧化碳进行了测量，例如高达 365 米的亚马孙高塔天文台，而测量结果证实了这一令人担忧的发展轨迹。

发展无碳经济意味着要大力改变传统的资源利用的方式，但这其实并非难事，即使单从财政层面来看也是如此。正如经济学家杰里米·里夫金所说："太阳未曾要求我们结算账单，风也从不需要我们支付费用，煤炭、天然气和铀价格昂贵，而太阳能和风能却免费。"事实上，我们每年收获了充足的太阳能和风能，仅其中一小部分就足以为全世界提供动力，但目前我们每年使用的能源中仅有 20% 来自可再生资源。在可再生资源领域，我们做的还只是些表面功夫，或者说，我们实际上连表面都尚未触及。目前，地球只有 7% 的地热潜力得到了开发。值得庆幸的是，情况已经开始发生转变。

摩洛哥拥有世界上最大的聚光太阳能发电厂。努奥 – 瓦尔扎扎特综合发电园区占地超过 3 000 公顷，其发电量足以为一座布拉格大小的城市供电。这座发电厂采用了一项创新技术，利用抛物面反射镜使注有液体的管道过热至 400℃，随后，

热量会被储存在熔盐罐中。这使在夜间利用太阳能发电变成了可能。如今，达到上述类似工业规模的太阳能发电厂正如雨后春笋般在世界各地涌现，这些国家包括中国、印度、美国、墨西哥和埃及等。事实上，全球 10 大太阳能发电厂中的 3 座都坐落在中国。

小规模能源生产也拉开了革命进程。微电网是一种小型发配电系统，可以生产电力供当地使用。这项技术的发展已使世界各地数百万人能够在自己的家中使用太阳能和风能——这对于印度或非洲国家的农村地区而言尤为重要，这些地区可能从未接入过本国的国家电网系统。有些改变对于普通人来说似乎只是小事一桩，但它们在帮助那些身处贫困中的人们时发挥着重大作用。例如，在一个从未通过电的地方，在屋顶上安装太阳能电池板就意味着孩子们在晚上也可以做作业了。此外，富余的能源还可以在当地出售或共享，减小了因极端天气事件导致的停电对当地的影响。

除了进一步发展绿色能源，我们还要学会在这颗独特的星球上缓步轻行。换句话说，我们需要增加资源循环利用，减少消耗浪费——尤其是那些生活在全球顶级富人区的人们，他们的人均消费支出比极高。此外，目前全球 6% 的温室气体

上图 瓦尔扎扎特聚光太阳能发电厂的面积相当于一个旧金山

来自肉牛养殖。奶牛会在消化过程释放大量的甲烷，这种温室气体的吸热能力是二氧化碳的 25 倍。

因此，我们需要在平时的思考中加强"循环"意识，摒弃"索取－生产－浪费"的经济模式。我们要学习大自然，从不让任何东西被浪费。循环经济强调的是一种低碳文化，呼吁对物品（无论是我们的衣服、房子还是汽车）进行共享和重复使用。为方便起见，新产品的设计需要便于回收或升级。反观现在，如果我们的某件家居用品坏了，比如吸尘器或熨斗，我们的第一反应就是要把它扔掉，然后再买一个新的。

在我们彻底摆脱对化石燃料的依赖之前，每个人都要努力减少自己的个人碳足迹。毕竟，减少使用和消耗就意味着降低二氧化碳排放。一味袖手旁观则会对人类乃至整个自然界都产生巨大的影响。杰里米·里夫金说："科学家们不断提醒我们正在面对一系列失控的环境事件，这些事件相互作用，正将人类推入一个未知的深渊。这一切可能会导致地球上的生物在短时间内大规模灭绝。"

人类

冷冻动物园

科学家们尚未就目前物种灭绝的速度（或者说我们是否已经进入了第六次大灭绝）达成一致，但大家公认的是，目前的速度比正常情况下高出数倍，这也许是自 6 600 万年前恐龙大灭绝以来的最快速度。为此，世界各地的各种机构开展了紧急"备份"，尽可能多地在某些动物灭绝前保存它们的 DNA，以打造一艘"生命方舟"。

圣迭戈动物园接收来自世界各地的 DNA 样本，并将它们保存在一个被称为"冷冻动物园"的地方。这里有一个专业实验室，储存了地球上许多动物（包括很多珍稀动物）的活细胞。实验室的科研人员将细胞储存在 −196℃ 的液氮中。"很难想象，"冷冻动物园的负责人玛丽丝·霍克说，"这个房间里的脊椎动物可能比地球上其他任何地方都多。我们每天都会收到若干样本，可能来自一只老虎或者犀牛，又或是一种稀有的爬行动物。目前我们已有 1 万份代表性样本。"这些样本中包括一些已经濒临灭绝的动物，例如北白犀和加湾鼠海豚。人们希望样本能给这些濒危物种保留一个生命的火种。需要这种机会的不仅仅是这两个物种，还有相当多的其他动物可能也将需要冷冻动物园的帮助——这个数字增加的速度要远超我们的想象。

如果最坏的情况发生，我们还有办法可以让某些物种起死回生，这也许能让人稍感欣慰。但真正的解决办法无疑是现在就采取保护行动，让动物们能在自己的自然栖息地安然度日。我们真的想把自然界推向崩溃的边缘吗？留给我们的时

左图　圣迭戈动物园冷冻动物园的全球负责人玛丽丝·霍克正在小心翼翼地处理一只狐猴的 DNA 样本。在这里，地球上一些珍稀动物的 DNA 被储存在 −196℃的液氮中

上图　肯尼亚中部奥佩杰塔保护区，这头北白犀已经被放归野外，在此之前它被人割掉了角

间的确不多了，但幸好还不是太晚。问题是，我们能及时做出必要的改变吗？或许可以让海洋生物学家阿莎·德沃斯的一段话作为总结："我有理由保持希望。我认为人类是一种充满智慧的动物，我们能够做到，而且我们也会做到——只要我们下定决心。"

人类

病毒和其他

人类可能是地球上最具支配性的力量，但新型冠状病毒肺炎（COVID-19）疫情的暴发让我们意识到自己是多么的脆弱。世界上的大多数国家都被笼罩在恐怖的阴影中。人们担心病毒会在本国人口中大肆蔓延，更担心肆虐的病毒会导致卫生服务系统也不堪重负。种种压力下，全球经济似乎陷入了一种停滞状态，每个人周围的一切仿佛都被打乱了。我们猛然发现，人类并不像自己想象得那般所向披靡、势不可当，我们前进的脚步被一个看不见的敌人拦住了，这个敌人非生非死，却能够在宿主的活细胞中快速复制。

有人认为，这是大自然对人类的惩罚，毕竟，新冠病毒的出现很可能是环境问题——滥用野生动物造成的。没有人确切地知道这种病毒是如何产生的，也没有人知道它是如何传染给人类的。

问题是这场灾难是否也会产生一定的积极作用，尤其是在改善人类对待环境及气候变化的态度方面。乐观主义者掌握了有力证据。在一项针对全球大型经济体的调查中，平均 70% 的受访者认为，从长远角度来看，气候变化是一场不亚于

下图　剥了皮的果蝠在传统的东南亚市场上作为食品出售

上图　威尼斯大运河的清澈河水，这要归功于 2020 年 3 月新冠肺炎疫情封锁期间禁止船只通行的规定

新冠肺炎疫情的严重危机——超过 80% 的中国受访者都持有此观点。这是整个调查中的最高比例，这对于地球来说是一件好事（但令人担忧的是，美国受访者的比例最低，还不足 60%）。但是，当我们摆脱新冠肺炎疫情后，这些感受真的能让我们发展出更绿色的经济吗？

全球大封锁对于国际和区域交通产生了尤其显著的影响。航空运输量下降到了封锁前的约 10%，公路运输量降至新冠肺炎疫情暴发前的约 30%（至少在英国）。因此，碳排放量显著下降：2020 年 4 月，英国降低了 17%，而在新冠肺炎疫情最严重时期，中国降低了 25%。形成雾霾的污染气体二氧化氮的排放量同样大幅下降。全球雾霾减少也产生了一些相当有趣的反应，其中之一是在印度北部，那里的一些城市居民 30 多年来第一次看到了喜马拉雅山。英国也发生了类似的情况。据估计，封锁高峰时期的空气质量简直可以媲美 20 世纪初。而在威尼斯，由于几乎没有船只往来，运河的河水变得非常清澈，甚至还能看到鱼类、章鱼和水母。那么，这有可能是一个崭新的未来吗？

当然，行动限制取消后，上述两种运输方式运送量在一定程度上会有所恢复，但是，在新冠肺炎疫情期间成为常态的环境友好型的生活方式会持续下去吗？许

人类

315

多英国人可能仍想像以前一样每年都去海外度假，但总体来说，商务旅行可能永远回不到之前的水平了——不仅仅是出于经济原因，而是因为云视频会议软件和其他论坛向人们展示了一种高效的新型工作方式。碳排放的另一大来源公路运输可能也恢复不到封锁前的水平了，因为人们体会到了居家办公的好处，就算一周只有一两天。而且可能会有更多人选择步行或骑自行车去上班。

新冠肺炎疫情给了我们时间去反思，由于无处可去，也给了我们时间去探索（或重新发现）伟大的自然。如今人们越发察觉到，我们比以往任何时候都需要打造一个更加美好的未来——一个建立在可持续能源基础上的未来。发展可持续能源的同时也会促进碳减排。一些国家也将此视为重新启动经济的一种方式，同时，新建大型绿色基础设施的项目还能够促进就业。

新冠肺炎疫情暴发既暴露了我们的缺点，也向我们展示了通过投资清洁技术增强人类对气候变化适应能力的重要性。那些高瞻远瞩的领导人将会站出来呼吁，发展可持续的绿色经济迫在眉睫。

下图　巴西东北部的圣米格尔－杜戈斯托苏海滩，孩子们在一个陆上风力发电场附近玩耍